運　転　者

未来を変える過去からの使者

凡事发生皆有利于我

〔日〕喜多川泰 著　王蕴洁 译

国际文化出版公司

·北京·

序　章

——你今年的表现很活跃。

车用音响内传来音乐节目主持人略带兴奋的低沉声音。

——谢谢。

——听说你填词、谱曲都自己来，你从什么时候决定走音乐这条路的？

——我的音乐启蒙其实相当晚，在我读中学的时候，父亲带了一把吉他……吱吱……刚上场就错失了大好机会，没有击出安打就出局了，所以这次应该很希望可以把跑垒员送回本垒。请问击球员在这种时候，内心都在想什么？

也许是顾虑到坐在后座的修一，和他差不多同龄的司机切换了节目，改听棒球实况转播。

“完全听不懂时下年轻人唱的歌。”司机从后视镜中看着修一说。

修一苦笑着回答：“是啊，但比起棒球，我更想听刚才的音乐节目。”

“啊啊，真是不好意思……”

司机说完，慌忙转回刚才的节目。

——请问令尊从事哪方面的工作？

——他是理财顾问。

——这样啊，所以多亏了令尊，你才会走上音乐之路。那我们来谈一谈你的新歌，今天要介绍的是本月二十日推出的《美丽人生》（*Life is beautiful*）专辑中的这首《出租车》（*Taxi*），请问这是一首怎样的歌？

——有一天，我搭上了一辆与众不同的出租车。那天之后，我的人生就发生了改变。这是我根据这段经历创作的歌曲。

——原来是这样。那我们就来听听这首由梦果（Yumeka）为我们带来的《出租车》。

修一从来没听过这首歌，但并不觉得难听。

“与众不同的出租车改变了人生……吗？”

修一喃喃自语，脸上不禁露出了笑容，脑海中浮现出发生在十年前，但最近从来不曾想起的往事。

目录

001 我的人生只能这样了吗
021 能帮你改变运气的人
035 扭转命运的机会
059 活着的奇迹
081 保持好心情
101 所有的努力都会获得回报
111 荞麦面的味道
127 绵延不绝的生命故事
143 最后一堂课
153 第二人生
169 新起点

185 尾　声
193 后　记

我的人生只能这样了吗

他把脸皱成一团，

努力克制着快哭出来的情绪。

“为什么就我这么倒霉？”

“一年的时间感觉很长，但转眼之间就过去了。”

每逢年底，任何人都会隐约产生类似的感慨，但冈田修一转职成为寿险业务员后，一年的时间之短，对他而言只是一种深入骨髓的恐惧感，他每个月都几乎被这种沉重的压力压垮。

虽然在保险行业中也有能领固定薪水的公司，但修一任职的公司并非如此。

所谓“纯佣金制”，其实就是完全靠业绩抽成制。

用过这种方式领薪水的人，都会了解这种薪资制度有多么恐怖。每卖出一张保单，在第一年可以从保费中抽取一定比例的佣金成为自己的薪水，每家保险代理公司抽佣的成数不同，修一的公司算是给得相当大方的了。只不过第一年结束后，抽成的成数便直线下降，这是公司的规定。也就是说，只有前十二个月可以靠那张保单领薪水，一旦进入第十三个月，抽成的佣金金额就变得少得可怜，因此必须在此之前签下新的保单。

业务员们在觉得“反正还有半年时间”之际，还不至于太焦急，之后到了“只剩下两个月”时，就开始食不下咽，夜不成眠。

修一毕业于东京一所绝对称不上一流的私立大学，在毕业找工作时当然吃了不少苦头，好不容易找到一家愿意录用自己的公司，进入那家公司谋得一职，但之后又多次换工作，最后进入保险业。

进寿险公司之前，修一是二手车行的业务员，像他这样从卖二手车转行进入保险代理公司工作的人并非少数。虽然保险的种类不同，但卖车时也要处理车险的问题，重点是手上掌握了很多客源，客户关系既广又深。了解客户的家庭成员和儿女的年纪，而且还知道对方用什么方式买了什么车子，就意味着了解对方的收入和生活方式，这些信息无疑是从事保险工作最重要的利器。

当初之所以会动换工作的心思，是因为先跳槽的前辈整天在他面前批评那家二手车行，吹嘘跳槽后的生活多么美好。也确实，那家二手车行有很多离谱的事。

“只要有机会，想换一家条件更好的公司。”

不光是修一，每个人都这么想。

那位前辈的一番话让他动了心。

“即使整天玩，只要能够签到保单就好，赚钱超轻松。”“这份工作的最大优点，就是可以靠自己的努力，让收入无上限。”“你绝对更适合这份工作。”每次见面，那位前辈就怂恿他加入自己任职的公司。

最后，修一禁不住他的蛊惑，进入了那家保险代理公司，前辈却在不久之后离职了。

前辈刚跳槽时，利用过去的人脉签了很多保单。第一年时，每个月都有将近六十万日元的收入，只不过最终也必须面对第十三个月的问题。修一在他的怂恿之下，换到他所在的公司，不到半年，前辈的抱怨对象就变成了目前这家公司，他在收入几乎归零之后，突然从公司消失了。

虽然不知道是否有人真的做过正式统计，但据说在保险业，“能够撑过十年的人不到整体的百分之三”。在进入这个行业之前，修一从来没想过其中的原因，如今才深刻体会到要撑十年有多难。

“早安。”

刚踏进公司的修一话音未落，董事长胁屋武史就迫不及待地叫了一声：

“冈田！”

胁屋总是帅气有型地穿着笔挺的西装，即使在目前天气一天比一天闷热的季节，他仍然西装不离身。他对自己的身材也毫不马虎，每天下班后都去健身房运动，头发也总是梳得一丝不苟，那副很时尚的眼镜不知道是为了搭配造型，还是真的发挥了眼镜原本的功能。

他和修一年纪相仿，在三十岁时创立了这家公司，十八年来逐渐扩大公司的规模。目前，包括修一在内总共有六名员工。虽然称不上大公司，但能够将起初靠着单打独斗创立的保险代理公司，发展到目前的规模，并不是普通人能够做到的。

胁屋几乎一个人扛下了公司所有的业绩，从他是公司内唯一连续十年被誉为寿险界奥斯卡奖的百万圆桌会会员就不难了解，他是一名优秀的保险业务员。百万圆桌会是由寿险理财专业人士组成的国际组织，有效保费收入必须达到相当的金额的保险业务员才有资格成为协会的会员。至少修一不可能连续十年都达到那样的金额，不，连一年都无法达到。

“是！”

修一惊讶地应了一声后，走向胁屋的办公桌。

胁屋微眯起眼镜后方的双眼瞪着修一。修一以前签下的保单遭到解约时，曾经见识过胁屋的这种眼神。他产生了不祥的预感，但又回答了一次：

“是……”

胁屋把手上的资料丢在桌上，然后拿下眼镜，另一只手揉了揉眼角，重新戴上眼镜后说：

“你还记得西导补习班吧？”

"是……"

修一的声音发抖，而且很小声，几乎快听不见了。

"解约了。"

修一说不出话。

那是他十个月前上门推销的补习班教室，幸运的是，补习班的主任朝仓悠人一开始就很有兴趣地说："我很想了解一下"，然后当场就签了约。

一问才知道，原来他新婚不久，太太怀孕了，所以正在考虑买寿险，简直就是俗话所说的"来得早不如来得巧"。

那个补习班有很多年轻老师包括补习班主任朝仓都没有买保险，其他人当然更和保险无缘。朝仓身在补习班主任的职位，凝聚了向心力，他随口说了一句"你们最好也买保险"，其他人就纷纷表示"我要买""我也要买"，转眼之间，其他教室的老师也都接连加入，短短两个月，就向修一购买了二十份保单。

修一当时正在为签不到保单走投无路，那些保单的确幸运地成了拯救他的救命稻草，否则他恐怕早就已经离开这家公司了。

"是……谁解约？"

修一努力打起精神问，但因为紧张而干渴的喉咙无法发出声音，好不容易才挤出这句话。

胁屋叹了一口长气，摇了摇头说：

“所有人。”

修一脑袋一片空白。二十个人的保单在一年之内反悔解约。下个月的薪水就必须扣除这些保险费的佣金，而且迄今为止十个月内支付的保险费，也必须如数退还给保险公司。光是在脑袋中粗略计算一下，就知道金额相当高。

“惨了，完蛋了……”修一闪过这个念头。

胁屋的办公桌墙上，挂了一张裱在相框内的签名板。不知道签名板上的那句话是谁写的，但胁屋很喜欢这句话——

“正向思考，笑得比别人更开心。”

胁屋也经常在朝会时对同人说：

“要正向思考。”

习惯负面思考的修一每次听到这句话，都忍不住在内心反驳说：“如果说要正向思考就能正向思考，天底下就不会有日子过得辛苦的人了。”但他当然从来不曾把这句话说出口。

平时就无法正向思考，在面对最恶劣的状况时，当然不可能正向看待，更不可能笑得出来。

胁屋对束手无策的修一说：“你愣在那里也没用。”

修一回过神。

“是、是……那我先去西导补习班。”修一无力地说。

虽然谁都知道，事到如今，即使去了也无济于事，更何况这么一大早，补习班根本还没有开门，但没有人阻止修一。

“这家伙恐怕也待不下去了。”办公室内弥漫着这种气氛。

修一虽然刚进公司，但又立刻离开了。

朝仓苦笑着对修一说：

“你的服务很周到，对你真的很抱歉，但对方是学生的妈妈……”

他们正在说话的同时，来补习班上课的中学生们接连向朝仓打招呼，然后从他们身旁走过。朝仓也没有面对修一，而是看着学生的方向，一边向学生道“同学好”，一边和他说话。

上课时间快到了，周围的老师也都忙碌起来。因为那些老师也是解约的当事人，所以很在意修一和朝仓谈话的结果，视线不时瞄过来，显然很期待朝仓能够顺利解决这件事。

“我了解，但如果事先和我讨论一下……”

“唉，根本没时间和你讨论。冈田先生，我相信你也知道，那些做保险业务的阿姨有多厉害。”

修一当然知道。他进入保险业第三年，经常遇到资历比他浅的家庭主妇接连签下新的保单，转眼之间，业绩就超过了他。她们那种一鼓作气、战无不胜的气势或者说强势的态度，让修一自叹不如。修一的女儿也在上补习班，但他完全不打算向女儿补习班的老师推销保险。

“而且保险费也大幅降价，所以很难不心动啊，每个月比你们公司便宜一万四千日元。”

“这是因为……”修一说到一半，没有继续说下去。

他知道自己很恼火，在这种情况下，根本不可能顺利沟通。自己并不是来这里找人吵架的。

如果想要保费便宜，修一的公司也可以设计出便宜的方案。修一之前在设计保单时，是认真为朝仓的未来和将来必需的保障着想，更何况朝仓当初说“我不想买消费型保单，储蓄型保单比较好”，因而拒绝了保费便宜的方案。也就是说，朝仓完全是在自愿的情况下签下那份保单的。

修一在得知保费金额和对方公司的名字后，立刻猜到对方是用怎样的话术成功说服朝仓变更保单的，也知道改成了什么内容的保险。正因为这样，他强烈地想要提醒朝仓，但因为他向来坚持在推销时不说其他保险公司坏话这个原则，所以硬生生把话吞了下去。

“朝仓主任，如果你对保险的要求有所调整，敝公司的保费也可以便宜……”朝仓一脸为难的表情制止修一继续说下去。

“冈田先生，真的很抱歉，上课时间到了。我已经变更了保单内容，并不打算再次变更。我们在做生意时也很重视缘分，所以不可能和学生家长交恶。我相信你应该能够了解，其他老师的状况也一样，很抱歉，感谢你迄今为止的热心服务……”

朝仓说完这番话后鞠了一躬，从椅子上站了起来，似乎希望这件事到此为止。

修一原本还想继续争取，但最后还是放弃了。

虽然为了逃离胁屋的斥责离开了办公室，但修一一开始就知道没戏唱了。修一也很清楚，当客户解约后，即使厚着脸皮上门拜托，客户也不可能说“原来是这样，那我还是向你买保险”这种话。

“我了解了。虽然很遗憾，但仍谢谢你这段日子的提携，如果有什么需要我协助的，请随时和我联络。”修一尽可能心平气和，努力挤出笑容说。

对方当然不可能和他联络，即使有朝一日真的打电话来，修一仍然在保险业界打滚的可能性也微乎其微。

朝仓露出松了一口气的表情。

走出补习班，修一重重地叹了一口气。

天气很好，但马路湿了。刚才下过雨了吗？

放在胸前口袋的手机刚才振动了好几次。原本以为是胁屋打来的，一看是妻子优子的电话。

修一心烦意乱地接起了电话：

“什么事？……我正在工作……”

优子不理会他，自顾自对他说：

“你忘了吗？今天要去学校谈梦果的事。”优子的声音也很烦躁。

修一慌忙看了下手表。优子曾经对他说，校方要求家长去学校谈一谈梦果的事，希望他可以一起去。

虽然早就把这件事忘得一干二净，但他在一瞬间不假思索地说了谎：

“我当然记得。虽然记得，但我在上班，怎么可能中途翘班？”

“我当然知道，只是希望如果你没办法去，至少打一通电话告诉我。如果你没时间，我就自己去。”

修一小声咂着嘴，以免被电话彼端的优子听到。既然这样，一开始就不要说什么“希望我一起去”，说“自己去”就好了。

“那你就去了解一下情况。”

“好。对了，旅行的钱汇了吗？”

修一张口结舌。

“不……还没有。”

“要记得汇钱，如果下个星期还不汇钱，名额就会被取消了。”

“啊啊，有一件事……”

“什么？”

“不，没事，那就拜托你了。”

优子很期待初次的巴黎旅行，虽然很对不起她，但现在和当初规划旅行时的状况不一样了。原本打算用来支付旅费的钱都要还给公司，不，要还给公司的钱是旅费的好几倍。

修一一想到要向优子解释，心情就很沉重。

他大致可以猜到学校找家长去谈什么。新学期开始后不久，女儿梦果就没有再去学校。

修一又看了一眼手表。如果搭出租车，应该可以赶到学校，只是会晚二十分钟左右，也许赶得及去露个脸。修一看向马路上的车流，刚好看到一辆出租车从后方大约一百米处驶来。修一举起手，但出租车却在前面路口左转离开了。

“哼。”

修一决定走去车流量大的大马路。他必须在走向大马路的同时打一通电话——刚才接优子的电话时，手机屏幕显示还接到了另一通电话，是独居在老家的母亲民子打来的。

年迈的母亲只在有什么情非得已的理由时，才会主动打电话给他。虽然不知道母亲找自己有什么事，但他知道至少不是什么开心的事。

然而不搞清楚母亲找自己有什么事，一直提心吊胆会对精神健康产生负面影响，于是他立刻点亮手机屏幕，拨打电话回去。电话铃声响了很多次，像往常一样，迟迟没有人接电话。

目前这个时间，母亲应该在厨房张罗着一个人的晚餐。

修一的脑海中浮现出老家的样子：母亲听到电话铃声，应该会用挂在料理台下方门把上的毛巾擦干手上的水，然后才走去电话旁。母亲最近说膝盖痛，所以需要花一点时间。

修一在红灯前停下脚步，看到周围的人都迈开步伐，这才发现斑马线上的信号灯变成了绿色。

走到斑马线中途时，民子才终于接起电话。

“你好，这里是冈田家。”

随着时代的改变，常识也会发生变化。修一小时候，母亲民子教导他，接电话时报上自家姓氏是礼貌，但是现在即使打电话去别人家里推销保险，也没有人会在接起电话时报上自己的姓名。电话会显示来电号码，如果是不认识的人，没必要提供个人信息给对方，因为搞不好是专门针对老人下手的诈骗集团。如今已是这样的时代，每个人都对个人信息格外谨慎，难以相信以前电话簿上会有所有人的住家电话号码。

“妈妈，我之前不是已经提醒你，不知道是谁打电话来家里，所以不能报上冈田的姓氏吗？”修一向母亲传授和以前完全相反的做法。

“哦，对哦。”民子不以为意地回答。

“找我有什么事？”

“没有啦，我只是在想，不知道你暑假时能不能回家里一趟？”

修一还没有告诉母亲，原本一家三口打算暑假时去巴黎旅行，但这次旅行恐怕得取消了。

“暑假？现在还没决定怎么安排，最近很忙，根本没有时间想这些事。有什么事吗？”修一懒得说明，随口敷衍着。

“那就等你比较有空的时候再说。之前你爸葬礼的时候，你也来去匆匆，根本没时间和你说话。我想找机会和你好好聊一聊以后的事。”

修一的父亲政史半年前突然离开了人世。政史并无任何宿疾，原本以为他身体很健康，结果突然发生这种事，这让修一很震惊，民子也同样感到措手不及。

政史在去世一两年前开始，修一每次有事打电话回家，在挂电话之前，政史总是问他："你什么时候有空回家？"

自从政史开始问这个问题之后，修一始终都没有回家和父母见面。

早知道那时候应该挤出时间回家。如果听说父母生病，或是身体状况不佳，自己应该就会回去，但父母完全没有问题，身体也很健康，所以修一就以工作太忙为由，直到最后都没有回家。

修一心目中的政史，并不是那种会满心欢喜地期待儿子回老家的人。这么一想，就觉得政史那么关心自己什么时候可以回老家这件事，可能是内心有什么预感，只是事到如今也已经无从确认了。

政史去世时，刚好是年底最忙的时候，修一当时也急得像热锅上的蚂蚁，必须再签几张保单才能渡过难关。现在回想起来，那时候的情况并没有比现在严重，也许回去参加葬礼时不必急着赶回来，只不过当时一心想着赶快回来工作，所以就在守灵夜赶到殡仪馆，晚上住在饭店，隔天参加完葬礼后，就马上回了东京。

"要不要多住几天？"民子当时这么问他。

"最近工作特别忙。"他草草回答，匆匆离开了殡仪馆。

修一一家在乡下地方的商店街开了一家文具店，全家人都住在店面的二楼，所以房间不太充足。如果只有修一回家也就罢了，但若一家人都回去，就没有足够的空间让优子和女儿梦果也睡在家里；结婚之后，即使回家探亲也都住饭店。所以那天也一样，事后回想起来，那天甚至没有回家一趟。

“以后的事？”修一不耐烦地问。

“什么事？不能在电话中说吗？”

民子笑了笑，支吾搪塞着说：“也不是不行，只是不方便在电话中说，所以等你下次回家的时候……”

修一看着手表。他没时间和民子一直聊下去，但民子仍然慢吞吞地说个不停。

修一毫不掩饰内心的烦躁，打断了民子不得要领的话：“我和优子讨论一下，决定之后再通知你。”

“好，不必太勉强。最近工作怎么样？还顺利吗？”

“很好啊，你不必为我担心。”

“要多注意身体。”

“我知道……我正在忙，那就先挂了。”

“好，对不起啊！”

修一挂上电话后，脚步更加沉重了。

老家门口的马路改成拱顶商店街时，父亲继承了祖母开的“冈田文具店”，店名也改成了“冈田精品小铺”。那时候修一刚上小学。

自从店里开始兼卖文具以外的热门动漫周边等商品后，就没有人再认为那是一家文具店。店内总是挤满年轻的中学生或是高中生，即使不是节假日，一到放学时间，店内就人满为患，挤得水泄不通。当时父母最大的烦恼，就是店内的商品经常遭窃，以及学生在店门口停满脚踏车，引来路人抗议。这两大问题始终无法解决。

虽然是乡下地方的小城镇，但商店街的拱顶下总是活力洋溢，修一老家的文具店一带更被称为“整个城镇内最值钱的黄金店面”。

政史每次喝酒，就用手掌揉着修一的头说：

“你以后想做什么都可以，在这里无论做什么生意都稳赚不赔。”

那时候，修一为父亲很会做生意感到骄傲，同时很感谢父母为自己这个儿子准备了如此理想的环境。

并不是只有修一的父母这么对他说，同一条商店街上的小孩子都认为“只要继承老家的生意就可以赚得荷包满满”，每个人内心都对家业的生意感到骄傲。但大部分的人都没有立刻继承家业，而是先去大城市工作。因为父母都希望孩子去大城市见识一下，修一和商店街的其他小孩子内心都觉得“反正迟早要继承家业”。

然而，从小一起长大的玩伴中，没有任何一个人迎接了这样的未来。

忘了是在修一读大学的时候，还是大学毕业进公司上班之后，他已经记不太清楚了，反正用“猛然回过神”这几个字来形容很贴切。他猛然回过神时，才发现商店街已经活力不再。

父亲政史最了解生意一落千丈的分水岭，在修一大三那年春天回老家时，政史喝酒时说的话，已经变成了：“修一，你要在大城市好好努力，千万不要再回到这种地方。”修一至今仍然无法忘记政史当时悲伤的神情。

过了分水岭之后，店里生意严重衰退，简直惨不忍睹。

修一每年回家探视时，就看到有一半的商店拉下了铁卷门，路上的行人减少了一半。政史的脸上失去生意人表情的速度，似乎也和客人的减少成正比。

“冈田精品小铺”在修一求学期间生意兴隆，在修一毕业踏上工作岗位的同时，生意就每况愈下，几年之后，文具店的历史就画上了句点。

以前挤满年轻人的“冈田精品小铺”正式歇业后，商店街就变成了名副其实的“铁卷门街”。

前后三十米都没有任何一家店开张营业，巨大的变化令人不敢正视，忍不住怀疑这里难道就是以前被认为是最佳黄金店面的地段吗？修一之所以很少回老家，也和每次看到这片冷清景象就坐立难安的心情不无关系。

政史去世之后，母亲民子独自住在店面的二楼，一楼仍然维持刚歇业时的样子，除了清理了库存，展示柜之类的东西都维持原貌。

以前无论下雨还是下雪，只要走去商店街，几分钟内就可以买到各种商品，如今商店街却变成了生活很不方便的环境，无论下雨还是晴天，民子都必须开车去远处的大型超市采买。修一觉得差不多该思考母亲这个年纪是否还能继续开车的问题了。

只要民子身体健康，问题还不大，万一她生病，要由谁、如何照顾她？而且之后该怎么处理老家的房子？以前曾经是人人称羡的黄金地段，如果那栋房子根本没人买，到底该怎么处理？……修一不知道答案。虽然知道必须思考这个问题，但总是努力不去想。因为目前该如何过好自己的人生就已经够烦了，根本无暇思考老家的问题。

然而，在接到母亲的电话后，就不得不开始思考。就好像蛀牙虽然已经不痛，但要是不赶快处理，状况只会更糟，有朝一日，必定会疼痛难忍。他也知道必须赶快处理。

修一用力叹了一口气。

光是工作的事，他就不知道该如何处理了，还要烦恼女儿的事、夫妻的事、母亲的事和老家的事……每一件事，他都不知道该如何是好。

他的脑袋快爆炸了。如果独自在家，他一定会用力抓头，但在人来人往的大街上，当然不可能这么做。

他把脸皱成一团，努力克制着快哭出来的情绪。

“为什么就我这么倒霉？”他自言自语。

就在这时，修一发现有一辆出租车驶向自己，他下意识地举起了手。出租车闪着双黄灯驶到路旁，优雅地停在修一面前，随着“啪嗒”一声悦耳的声音，后方的车门打开了。

修一坐进车内。车上有一种让他怀念的味道，那是民子在老家巴掌大的后院种的薰衣草的香味，薰衣草也是民子喜爱的花。

“呃……”

修一必须回想自己拦出租车的理由。刚才情不自禁举起了手，但因为太多事在脑袋里打转，所以还无法理出头绪。

他从后视镜中和司机四目相对。

乍看之下，会被认作高中生的年轻司机面带微笑问：

“是不是先去你女儿的学校比较好？”

“啊啊，没错没错，你说对了，那就拜托了。”

修一慌忙回答，但随即感到全身起了鸡皮疙瘩。

“你……”

修一正想开口时，出租车驶了出去。

能帮你改变运气的人

我的工作，

就是为像你这样的人改运，

会带你去可以为你的人生带来转机的地方。

出租车出发后，一路顺畅地行驶在路上。

虽然修一没有告诉司机目的地，但出租车似乎正驶向梦果的学校。

修一从后视镜中看到司机的脸，发现自己并不认识他。

“我们并不认识，他为什么知道我女儿读哪一所学校？”“他为什么知道我要去哪里？”

虽然他有满腹疑问，但发生离奇的事时，一时不知道该从何问起。

他看向副驾驶座前方的司机名字。

“御任濑卓志”，上面写的这个名字，发音竟然和“包满意出租车”一模一样，怎么可能有出租车司机叫这种名字？这一定是恶作剧。他只是刚好猜中我要去女儿的学校而已，但他明明不知道学校在哪里就开车，想必开了一段路之后就会问：“请问你要去哪里？”必须在司机狮子大开口之前下车才行。

“司机先生，请你停车。”

司机从后视镜中瞥了修一一眼。

“为什么？”

“不要问这么多，你停车就对了。你八成打算在街上绕圈子，然后要我付一大笔车费。”

“啊，什么意思？”

司机似乎并不打算停车，边开车边从后视镜中看着修一的脸。

“如果不赶快，你会赶不上和你女儿的老师面谈哦！”

修一正打算呵斥司机“停车”，却忍不住倒吸了一口气。

“你为什么连这件事也知道？”修一满脸讶异，凝视着司机的脸。

“从事这一行多年，就会知道上车的客人该去哪里。冈田先生，雅中学就是你目前该去的地方。”

怎么可能有这种荒唐事？从来没有听过有人当出租车司机多年，就可以知道客人想去的地方。虽然不可能有这种事，但司机刚才说的那所学校的的确确就是女儿就读的中学。只有对自己家庭状况非常了解的人才会知道这种事，而且……他叫我冈田先生？修一发现他竟然连自己的名字也能说中，不禁对眼前这个年轻人感到害怕。

“你到底是谁？”

“啊？”司机回答的声音有点破音，“我是谁？当然是你的司机啊！”

司机带着笑意回答。

不知道是不是因为信号灯连接得太好，出租车一路畅通，完全没有停下来。

“我知道了，原来是优子！”修一忍不住喃喃自语。

优子可以通过手机上的定位功能看到修一目前所在的地点。

刚才通电话后，优子就叫了出租车，要求出租车前往修一目前所在的位置。预约时用了“冈田”这个姓氏，同时指定目的地是“雅中学”。果真如此的话，修一举手拦下出租车时，司机应该会向他确认：“请问是冈田先生吗？”然而除此以外，修一实在想不出任何理由可以解释目前的情况。

“是我太太叫的车吗？”

“你真爱说笑，刚才不是你自己举手拦车的吗？”

“那你为什么知道我的名字？为什么连我想去的地方还有我女儿学校的名字都知道？”

“你问我为什么……有些事没办法解释。”司机露出无奈的表情抓了抓头，“你会惊讶也很正常，但我只能说……该知道的就会知道。”

“我怎么可能接受你这种唬人的说辞？”修一心浮气躁地顶了回去。

“我能理解。”司机苦笑起来。出租车继续在路上行驶。

“话说回来，司机的工作并不是要向客人说明为什么会知道客人想去的地点，而是把客人安全送达目的地，所以即使我无法接受也没关系。而且这个世界上，并不是所有的事都能够用言语来解释，所谓大千世界，无奇不有。”

司机看起来不像是坏人，不如先闭嘴，乖乖坐在后车座就好。虽然他闪过这个念头，然而越思考眼前的状况，越觉得心里发毛。

他不经意地看向计费表。

计费表上竟然显示“69820”。

修一猛然坐直了身体，抓住副驾驶座的座位，探出身体。

“喂！你果然是骗子，好像侦探一样，把我的状况调查得一清二楚，然后狮子大开口，要我付这么离谱的金额……”

修一大声呵斥的瞬间，发现计费表上的数字变成了“69730”。

“啊？怎么回事？！刚才……”

"你对着正在开车的司机的耳朵大吼，很容易出车祸。请你坐好，而且最近严格要求乘客坐在后车座时，也要系好安全带。请你系上安全带。"

"这种事根本不重要，重点是金额为什么这么离谱？而且我刚才看到数字减少了，这到底是怎么回事？计费表坏了吧。"

司机瞥了一眼计费表，面带微笑说：

"你说这个吗？它并没有坏掉。"

"是吗？！这辆车到底是怎么回事？我不想多说了，让我下车。"

司机用力吐了一口气说：

"真是拿你没办法。我会向你解释的，你可以先冷静吗？请你先系好安全带，别担心，到雅中学时，我会让你下车。"

"即使你这么说，我也不可能付这么离谱的……"

"别担心。"司机打断了修一的话，毅然地向他保证。

修一气鼓鼓地靠在椅背上，抱着双臂，露出"你最好说出让我能够接受的合理解释"的表情，通过后视镜瞪着司机。

司机也从后视镜中看着他，但并没有开口说话。

修一无可奈何，只好系上安全带。

"咔嚓。"

司机听到这个声音，露出开朗的表情说：

“谢谢。”

不知道他是为修一系上安全带，还是为修一打算听他解释道谢，反正就是其中一个理由。

“我会绕一下圈子。”

“什么？”

“不，我不是说开车会绕远路的意思，而是指说话会绕一下圈子。”

“哦，没关系，反正你要向我说清楚。”修一仍然抱着手臂说。

计费表的数字变成了“69640”，数字的确在减少。

“呃……要从哪里开始说起呢？”

司机露出沉思的表情，将车子左转。当左转的车子重心稳定后，司机问：

“冈田先生，请问你运气好不好？”

“运气？你为什么要问这个问题？”

“你先别问，就请你告诉我，你算是运气好的人，还是……”

“哼，人生不如意事十之八九，好运与我的人生无缘，衰事倒是不少。”

“是吗？我的工作，就是为像你这样的人改运。”

“那是怎样的工作？”

“我是……司机[1]。我一开始不是就说了吗？我是你的运转手。”

修一越听越糊涂。

“你的工作是把我的运气变好？我更加听不懂你在说什么了，你不是司机吗？司机的工作不就是开车把乘客送到想去的地方吗？”

“不是的，运转手虽然代表司机的意思，但还隐含了另一层意思。其实我是扭转运气的转运者，所以我并不是开车去你想去的地方，而是带你去可以为你的人生带来转机的地方。”

“你不载我去我想要去的地方，而是带我去你认为可以为我改运的地方，那不是多管闲事吗？”

“即使你这么说……但这就是我的工作。没关系，即使你一开始无法了解，但很快就会知道了。你看，雅中学快到了。”

“啊？”

修一看向窗外，出租车的确行驶在熟悉的街道上。

四十分钟了吗？从他拦出租车的地点到女儿的学校开车大约需要四十分钟，转眼之间，就已经开了四十分钟。

1　司机的日文汉字为“运转手”。（译者注）

司机把出租车停在校门口，打开了后车座的门，转过头，面带笑容对修一说：

“及时赶到了。”

计费表上的数字是“69370”。

“不用说你也知道，我可不打算付这么多钱。”修一指着计费表说。

司机露齿微笑着说：“我知道，在这个数字归零之前，你可以无限次搭乘。”

刚才始终表情凝重的修一终于放松了脸上的肌肉。

“什么？你的意思是我不用付车费吗？”

司机用力点了点头说：“你快去吧！否则我刚才一路飙车赶路就失去了意义。”

修一看看手表，距离约定面谈的时间还有五分钟，所以出租车只花了十分钟就到了这里。

“啊……好。”

修一下车之后，仍然担心是不是真的不需要付钱。等到出租车后车座的车门“咔嗒”一声关上后，出租车扬长而去，然后转过街角不见了。

修一为自己遇到的离奇状况感到不知所措，但还是迈步走向教室。

那家伙到底是怎么回事？

梦果升上初二后，开始不去学校，也就是所谓的拒学。以前读小学时，她每天在上学前，都会很有精神地说："我出门了。"上了中学后，就越来越难看到她这样的身影。虽然无法再看到她高高兴兴上学的样子，但在初一时，她仍然坚持每天去学校上课，没想到升上初二后，就变得经常说"我头痛"，然后就向学校请假。

是不是和同学相处不愉快？还是遭到霸凌……虽然曾经试着向她了解情况，但似乎并未出现上述的情况，她就只是单纯不想去学校，所以就在家休息。

不知道是不是修一太死脑筋，他觉得怎么可以因为这样的理由就不去上学？但好像班上还有其他同学也一样。原本以为不去学校、无法和同学见面会很无聊，但好像也并没有这种问题。现在只要有智能型手机，即使不去学校，同学之间仍然可以保持联络。

修一和优子都要上班，早上就出门了，所以不知道梦果不上学时在家的情况，但从回家时看到她的样子，也能猜想到她大概从早到晚都在家无所事事地刷手机。

然后等到隔天早晨，她又说：

"我头痛，不能去学校。"

有一次，修一对她说："我知道你头痛，但只要认真为将来着想，稍微忍耐一下，也该去学校上课。"

"你不知道我的头多痛，才会说这种话。"梦果不耐烦地把头转到一旁反驳道，然后拿起手机，躲进了自己的房间。

修一虽然很想和她好好谈一谈，但他必须出门上班，所以那次之后，也一直没机会和她好好聊聊。妻子优子虽然是计时工，但担任小主管，不能轻易请假，所以也没办法观察梦果的情况。夫妻两人都很希望梦果去学校上学，却又不知如何解决这件事。

“如果你整天玩手机，我会没收。”之前曾经这样提醒梦果，但梦果回答说：“我根本没碰手机。”因为完全不知道她白天在家的情况，所以只能闭嘴，但总不能在家里装监视器，监视女儿的行为。

最后，修一和优子在女儿的问题上没有采取任何具体措施，于是梦果“拒学”的事实日益发展、逐渐成形。

“叛逆期。”

一言以蔽之的话，就是这么一回事。

梦果的班导师东出虽然说“请家长来学校面谈”，但似乎并没有特别想要和家长讨论的话题，只是打听了梦果在家里的情况，同时要求父母告诉梦果，如果可以，最好努力来学校。整场面谈中，班导师自始至终都在说这些乏善可陈的话，根本称不上建议。

老师始终面带笑容。他看起来朝气蓬勃，听梦果说，他有一个年幼的女儿，所以他的年纪大约三十岁。虽然并不会令人产生坏印象，但从他谈话没有任何深入的内容可以猜想，他只是为了表示“身为班导师，我做了该做的事”而安排了这次面谈，修一很快失去了认真和老师讨论梦果的意愿。

“这些话完全可以在电话中说，需要家长特地在上班时间抽空来学校吗？”

明明是在讨论女儿拒学的问题，但东出满面笑容地打听女儿的事，也让修一觉得他似乎在表示“我没有任何责任”，结果就越想越气。

修一当然不打算把责任推卸到老师头上，但仍然觉得身为女儿的班导师，不该把责任推得一干二净。修一之所以没有把这种想法说出口，是因为觉得这样似乎在迁怒于他人。

问题是既然约了家长到校面谈，就该说一些有实质意义的话。修一内心产生这种想法后，就露出了不耐烦的表情。优子敏感地察觉了他的想法，为了化解尴尬的气氛，突然变得健谈起来，谈话的内容也越来越不痛不痒。

“总之，只能持续观察，努力设法改善。”

面谈开始三十分钟后，终于得出了这样的结论。

“连结束的时间都完全符合原来的安排。”

修一临别时，甚至觉得没必要微笑着向老师道别。他从椅子上站起来后，立刻准备走出教室。

东出在背后对他说：“听说爸爸是在上班时间抽空过

来的，真的很抱歉。”

东出在说话时鞠了一躬，但修一没有回答他的问题，只是微微欠身，冷冷地说了一句：“谢谢。”就走出了教室。

优子满脸歉意地向东出道谢后走出教室，小跑着追上了修一。

“喂，你怎么了？”优子语带责备地问中途突然面露不悦的修一。

“……”修一没有吭声，快步走在走廊上。

“你为什么突然心情不好？”优子不肯罢休地继续追问。

修一停下脚步，转头看着她说：

“我可没有时间来听这种无关紧要的废话。我还在上班，特地把我找来，我还搭出租车一路赶过来，结果竟然聊这种根本可以在电话中说的事。”

“也许是这样，但老师也是希望能够解决问题，所以才抽时间……”

“我可不觉得，更何况我根本没这种闲工夫。”修一越说越大声。

因为下个月的薪水会扣除二十张保单的保费佣金，而且还必须归还之前领到的十个月佣金，今年的奖金没指望了，必须在下个月的发薪日之前，尽可能多签一张保单，努力减少损失，根本无暇在这里浪费无谓的时间。

优子当然不了解这些状况，也搞不懂修一为什么这么心浮气躁，但被修一气势汹汹的态度吓到了，没有再说话。

“总之，我要回去上班了。”修一说完，转过身，再度快步走了起来。

他知道自己必须好好向优子说明目前的状况，但也许在下个月的发薪日之前，能够奇迹般地签到足以弥补这次解约损失的保单，这么一想，就觉得等到正确了解下个月薪水金额之后再告诉优子也不迟。

不，冷静思考之后，就知道比赛已经结束了，必须早日把事实告诉优子，除了旅行的事，还必须讨论日后的生活问题。

然而，修一没有勇气这么做。这就和不愿面对问题，希望“这一天永远不会到来”的小孩子没什么两样。

修一独自穿越操场，绞尽脑汁思考到底该怎么办。只不过无论再怎么苦思冥想，都不可能想到任何妙计。已经无计可施了，只能好好努力。

“努力？”

他甚至开始搞不清楚这两个字的真实含义。

“我很忙，根本没时间做这种事。”这么说的他虽然冲出了学校，但现在要做什么？要去哪里？又要为什么努力？如何努力？他完全没有头绪。

扭转命运的机会

人生中，

有些时候运气会发生戏剧化的改变，

每个人都有把握住这个机会的天线。

在心情愉快时，天线的敏锐度最强。

相反，如果心情不好，

天线就无法发挥作用。

胁屋在朝会时始终闷不吭声。

修一走进办公室时，当然主动向他打了招呼，但他也只是静静地应了声“早安”。他面无表情，又似乎在思考该对修一说什么，该如何表达。

修一无法继续留在办公室，朝会一结束，就离开了办公室。

“他很努力争取拿回遭到取消的保单，哪怕只有一张也好。”他有点期待别人会这么看他。

“我去拜访客户。”他离开办公室时，瞥了胁屋一眼。

“路上小心。”其他人像往常一样对他说，但胁屋没有看修一一眼，低头看着桌上的资料。

修一慌慌张张地离开办公室，在搭电梯时思考的迫切问题是——

等一下要去哪里？虽然他冲出了办公室，但并没有想好该去哪里。

他来到大门口也没有想出答案。现在才上午九点多，柏油路就冒着热气，他差一点眩晕。今天恐怕又是一个酷暑天。

修一准备走向车站的瞬间，发现有一辆出租车朝自己驶来。

不会吧？

虽然他这么想，但他明明没有举手拦车，出租车就在他面前停了下来，后车座的车门打开了。他隔着车窗看到了司机的脸。就是昨天的司机，修一记得他叫御任濑卓志。

修一犹豫了一下。昨天下车之后发生了太多事，他也就忘了这辆出租车的事，但想了一下之后，就觉得整件事简直太匪夷所思了。既然这辆出租车再度停在自己面前，那么司机显然在跟踪自己。

修一把脑袋伸进敞开的车门问司机：

“你是不是要我付昨天的车费？”

司机出声笑了起来：“我才不会说这种话，我不是向你说明了吗？在计费表归零之前，你可以无限次搭乘。赶快上车吧！”

修一看了计费表，“69370”。

虽然他并没有特别记下这个数字，但看到之后，立刻想起和昨天下车时的数字相同。

“你叫我上车，你知道我要去哪里吗？”

修一问了这个促狭的问题。司机昨天说，开出租车多年，会知道上车的人该去哪里，而且修一什么话都没说，他就开车前往梦果就读的中学。但是，修一今天连自己都不知道想去哪里，出租车却停在他面前，到底要带自己去哪里？

“和昨天一样，我会带你去你该去的地方。”司机不假思索地回答。

听到“带你去你该去的地方”这句话，修一内心深处涌起了难以抗拒的冲动。老实说，虽然他冲出了办公室，但正在为不知道该去哪里而发愁。修一忍不住坐进了后车座。

“我关门喽！”

司机说话的同时，听到“啪嗒”一声沉重的声音，车门关上了，出租车驶了出去。修一从后视镜中凝视着司机的表情，司机看起来并没有紧张，神情自若地开着车子。

“你为什么知道我在这里？”修一狐疑地问。

“不为什么，我上次也说了，因为我做这份工作很多年了，当然知道你在这里，因为我是专家啊！”司机轻轻笑了笑。

修一觉得他答非所问，但恐怕无论问什么，都无法听到令人满意的答案。修一深深叹了一口气。

“咦……该不会……”从后视镜中看着他的司机问。

“该不会什么？”修一心烦意乱地反问。

“昨天见到我之后，没有觉得运气变好了吗？”

“啊？”

修一忍不住回想起司机昨天说的话——

“我是扭转运气的转运者，所以我并不是开车去你想去的地方，而是带你去可以为你的人生带来转机的地方。”

司机的确这么说过。修一冷笑一声说：

“我已经忙得焦头烂额，还载我去那种地方浪费时间，哪有让我运气变好？虽然赶上了面谈的时间，但根本就是白跑一趟。那些话在电话中就可以说了，特地找我们去学校，越听越不耐烦……”

“唉……我就知道。”司机夸张地拍着方向盘，突然大声说道，“我昨天就有一种不祥的预感，就猜到会是这样的结果。”

“你在说什么？”

“你怎么可以不耐烦呢？”年轻的司机看着后视镜，苦笑着说。修一忍不住感到生气。

“你懂什么？！”修一粗声说道。

司机不以为意，继续说了下去：

“我当然懂啊！成为你生活来源的这二十份保单解约，意味着下个月开始，薪水里要扣除这些保费的佣金。

不仅如此，之前作为薪水支付给你的十个月保费佣金也要归还，将会持续从奖金和薪水中扣除。同时，你女儿拒学，而且正值叛逆期，根本不听大人的话，你太太根本不了解这些状况，满脑子都想着期待已久的巴黎旅行。你的烦恼已经够多了，老家的母亲又打电话给你，让你很在意老家到底发生了什么事。然后被叫去学校听一些没有实质内容的话，怎么可能心情愉快？根本是强人所难。这是不是你目前面临的状况？”

“……”

修一说不出话。

他很想问司机：“你怎么会知道这些事？”但他惊讶得连这句话也问不出来。

“冈田先生，你听我说，我能够理解任何人遇到这种状况都不可能心平气和，但我不是已经告诉你，我的工作就是把你带去为你改运的地方吗？你人生的运气会在那里完全改变，不，原本应该会在那里改变，但你错过了那个机会。”

“这、这是怎么回事？”修一惊慌失措地问。

“你知道在你走进教室前，你太太比你早一步到教室之后，和东出老师在聊什么吗？”

“在聊什么？难道不是梦果的事吗？”

司机默默摇着头说：“他们在聊你的工作。”

“我的工作？”

“没错，你太太说‘我先生因为工作，没办法来参加面谈’，于是老师就问：‘请问梦果同学的爸爸做的什么工作？’你太太回答说‘是寿险的业务员’后，老师就说：‘啊？那我也想向他买保险。’除了东出老师，学校有很多老师都打算重新检视他们的保单。几年之后，这些老师又会调去各所学校，然后又会介绍很多客户……原本的剧本是这么走的……”

“等……等一下。”修一打断司机，想要整理混乱的思绪，“你怎么会知道？”

“我上次也说了，有些事就是无法说明原因。只要持续做一件事，自然就会知道。就好像在接外野高飞球，即使问选手怎么知道从那里飞过来的球会落在这里，选手也不是借由计算，而是凭经验知道的。球的初速度、旋转、风向、飞出的角度、球棒击中时的声音、球棒的哪个部分击中棒球，还有投手投球的速度，以及打者的肌肉量，各种不同的要素决定了球的落点，这些要素复杂地结合在一起，即使想考虑这些因素，精准地计算落点，也会因为太复杂，没有人能够计算出正确答案，即使有再多时间也算不出来，但选手不是能够凭经验知道是‘这里’吗？这是相同的道理。”

司机从后视镜中看着修一的脸，露出极其为难的表情。修一可能不太理解他的比喻，露出不解的表情。

“总而言之，这是很重要的事，请你不要忘记。人生中，有些时候运气会发生戏剧化的改变，每个人都有把握住这个机会的天线。在心情愉快时，天线的敏锐度最强。相反，如果心情不好，天线就无法发挥作用。天大的好运明明近在眼前，却因为心情恶劣，导致天线完全无法发挥作用，所有的运气都跑光了。你昨天就属于这种情况。”

“心情恶劣，运气就会跑光……”

“对啊！即使身处巨大好运降临的地方，心情恶劣的人却无法发现，感到不耐烦，一心只想着赶快离开那里。所以必须保持心情愉快，尤其我的工作是带你去可以让你的运气好转的地方，我都带你去了那里，你却心情恶劣，我简直不敢相信。下次绝对不要再做这种事了。”

“我却心情恶劣……简直不敢相信……”

“我再说一次，如果不保持心情愉快，就无法感受到运气的转机。整天心情不好的人，即使遇到可以改变人生的大逆转机会，也会感到不耐烦，希望眼前的一切赶快结束。”

“等一下。”修一再次说了这句话，“昨天，和梦果的班导师面谈时，只要我保持心情愉快，就可以成为改变我运气的契机，签到很多保单吗？”

“对啊，在东出老师和你签约之后，在未来的两年内，少说可以签下五十份保单，你也会因此成为全公司业绩第一名的业务员。”

“在未来两年内签五十份保单？”修一冷笑一声问，“你要我相信会有这种好像电视剧中才会发生的逆转情节吗？”

司机重重地叹了一口气，摇了摇头说：“如果你不想要，当然不勉强，相不相信是你的自由。”

司机似乎感到很受不了，不再说话，开始专心开车。

修一渐渐觉得司机说的话似乎并非谎言，而且这位司机太了解自己了。既然能够巨细无遗地掌握他目前的状况，即使了解未来的事也不足为奇。所以真的如司机所说，因为自己不耐烦，所以在和梦果的班导师面谈之后，与可以接连签到新保单的机会擦肩而过了吗？

“我不太清楚现在发生了什么事，但你说的话并不是谎话，对不对？”修一向司机确认。

“冈田先生，我是转运者，我出现在你面前，就是为了让你的运气变好，说谎骗你有什么意义？而且……”

“而且什么？”

“而且就算退一百步来说，即使我说的未来是我的幻想，你觉得臭脸的保险业务员，会有机会签到新的保单吗？”

“这……”修一无言以对。

修一转职刚进目前这家公司时，曾经向胁屋请教从事保险工作的秘诀。一方面是因为修一对自己是否能够持续做这份工作感到不安，另一方面是因为和胁屋相处后，一眼就可以看出他很能干。因为即使他很少出门拜访客户，也能够持续签下新的保单。不管他做什么，别人都会主动找他买保险。胁屋就是这样厉害的角色，因此修一想要向他请教其中的秘诀。

胁屋回答了修一的问题：“那就是无论何时，在任何地方，都要保持开朗愉快，随时随地都要做到这一点。”

“就这样而已吗？”修一有点失望地问。

“对，就这样而已。每个人都需要买保险，所以任何人都有可能成为客户，但客人并不会在我们想要他买保险的时候来买保险，重要的是，任何人都会在某个时间点想买保险，我们要努力成为在这种时候，让人想起‘我记得他在卖保险’的那个人，所以要随时随地保持开朗愉快。”

“好……”

胁屋笑着说：“看你的表情，似乎觉得应该有更了不起的秘诀。你这么想也没关系，但是要做到随时随地都保持开朗愉快，并不是一件简单的事。”

修一的脑海中想起胁屋在说话的同时，仰头喝着中杯啤酒的侧脸。

“你说得没错，的确不会有人向臭脸业务员买保险，也许我在那个时间点就已经错失了机会，结果就变成现在这样。”

司机似乎觉得刚才有点说过头了，慌忙用开朗的声音补充说：

“我能够理解你的心情，不仅仅是保险业务员，无论从事任何工作，都不会是整天板着一张脸的人获得成功，相反，只要保持心情愉快，自己就可以发现运气好转的机会。太可惜了……话说回来，重要的是未来，总之，从下一次开始要保持心情愉快。”

“下一次？”

这个司机之后也会出现在自己面前吗？修一思忖着，想起了司机上次对他说的话。

“难道在这个计费表归零之前，你一直会出现在我面前吗？”

“就是这样。”

“在这期间，我都不用付钱吗？”

“就是这样。”

“为什么让我免费搭好几万日元车费的出租车，而且特地带我去会让我运气变好的地方？”

司机从后视镜中瞥了修一一眼：

“你问我为什么……我也很难回答，因为这是我的工作。虽然我知道你会很怀疑，但我向你保证，绝对不会向你索取任何东西，所以你放心吧，绝对不会向你收钱。”

“什么？”

难道是其他人预先支付了好几万日元的出租车费吗？果真如此的话，到底是谁？

修一正想追问，司机又接着说了下去：“但……”

修一把原本想问的话吞了下去。

“单位并不是日元。”

“什么？”

“是点数。”

“点数？”

“没错，你还可以搭 69280 点。”

修一搞不太清楚是怎么回事，但了解到计费表上的数字并不是以“日元”为单位，而是“点”，只是这么一来，更不了解是哪里来的点数。

修一苦笑着回答说：“司机先生，从昨天开始听你说明的情况，我完全搞不懂，可以请你稍微说清楚些吗？既然你是专业的出租车司机，让乘客心情愉快地搭车，不也属于你工作的范围吗？”

司机轻轻点了点头说：“你说得有道理。”

说完，他把手伸向副驾驶座，从那里不知道拿了什么东西，用左手递给坐在后座的修一。司机右手握着方向盘，看着前方继续开车。

修一缓缓伸出手，战战兢兢地接了过来："这是……"

那是一张名片般大小、对折的卡片，修一觉得好像在哪里见过，却迟迟想不起来到底是什么。卡片上印的图案很熟悉，但图案感觉很陈旧，使用的纸张也有种岁月感。

是不是哪家店的会员卡或是集点卡？

他打开对折的卡片，终于恍然大悟——

"冈田精品小铺"。

集点卡上印了修一老家的地址和电话号码，三十个盖章的空格都盖满了。盖满三十个章的集点卡可以作为五百日元的商品券使用，但这张集点卡并没有使用的痕迹。

"你从哪里……？"

"就是那家店啊！"

"你不要再开玩笑了，这张卡片是我老家的集点卡，但那家店好几年前就已经倒闭了，你为什么会有这张集点卡？"

"我是转运的专家，所以要和你聊聊运气的问题。"司机没有回答修一的问题，自顾自说了起来，"你还记得我昨天问你的问题吗？”

“啊？”

“你记不记得我问你运气是好是坏？”

“嗯？哦……我记得。”修一怅然地回答。

“其实我说了一个小谎。”

“说谎？”

“我昨天说，我的工作是带你去让你运气变好的地方，因为我认为这样说，你比较容易理解，但其实运气并没有好坏之分。”

“你说什么？”

“所以并没有人运气特别好，也没有人运气特别坏，运气并没有好坏之分。”

“怎么可能有这种事？我整天遇到衰事，运气好的家伙无论做什么不是都顺风顺水吗？”

“哈哈哈。”司机发出干涩的笑声，“你该不会真的这么认为吧？”

司机的态度让修一有点火大，忍不住皱起眉头。

“你说的那些无论做什么都顺风顺水的人，你认为他们什么都没做，就接连有好事找上门吗？”

“这……”修一愣住了，“不，我没这么想。我只是说，即使同样努力，有些人就会好事连连，有些人就没这么好的运气。”

“所以你认为自己和那些好事连连的人同样努力，好事却没有发生在你身上吗？”

“我并不是说我自己，而是在谈论普遍的现象。”

“没这回事。”司机断言道。

“冈田先生，你要了解一件事，那就是运气是后付型的，如果什么都没做，就不可能发生好事。没有集满点数的集点卡，可以换到东西吗？任何人都不会期待这种事吧？但是说到运气，越是没有累积运气的人，就越是期待好运降临在自己身上。”

修一注视着自己手上的集点卡。

“这张集点卡可以当作五百日元的商品券使用。你知道为什么吗？因为已经集满了点数。难道会有拿到集点卡的瞬间，就可以当作五百日元使用，之后再慢慢集点这种事吗？没有任何集点卡可以这样使用。运气也一样，但是许多人在说‘运气好’的时候，完全无视之前有没有努力，却期待突然会发生好事。”

“你是说，运气和集点卡一样吗？”

“是啊，运气没有好坏之分，只有‘使用’运气或是‘累积’运气，所以要先‘累积’，在累积到某种程度之后，就可以‘使用’。有些人累积了一点点运气就迫不及待地使用，也有些人累积很多运气之后才大笔使用，每个人的情况都不相同。无论是哪一种情况，周围人眼中

‘运气很好’的人，都是先累积之后才使用。”

修一注视着集点卡，咀嚼着司机说的话。

“运气没有好坏之分，只有使用或是累积……”

“拿着根本没有集点的集点卡，却向店家抱怨无法使用，店家也很伤脑筋。运气也一样，很多人明明自己没有累积运气，却说什么‘根本没办法使用’‘怎么好事都发生在别人身上’。”

“你的意思是说，运气好的人和运气差的人，虽然看起来同样努力，但其实运气好的人之前已经累积了运气吗？”

“是啊，在使用之前累积的运气时，别人就会觉得他‘运气很好’，就只是这样而已。”

修一眉头深锁，抱着双臂。同意司机的说法，认为言之有理的自己，和另一个觉得“谁会相信这种鬼扯”的自己在内心交战。

修一摇了摇头，对司机说：

“不，没这回事。有些人的运气的确很好，有些人的运气就是很差；有些人天生好命，过着丰衣足食的生活，然后就一路好命长大，但也有些人无论怎么努力都无法获得回报，运气真的很差。各种比赛不是也一样吗？努力的人未必能够获得胜利，有些人比任何人都努力，但最后还是铩羽而归。你刚才说的这番话是理想论，但现实没有这么美好，像你这种年轻人……”

司机从后视镜中瞥了修一一眼。

修一和他对上了眼，继续说了下去：“你们年轻人都很喜欢理想论，但到了我们这种年纪，就会深刻体会到这一点。”

司机露出了苦笑：

“我认为这种事和年龄无关。总之，即使很努力，仍然无法获得回报时，其实是在累积运气。努力后立刻有结果，或是发生好事的人，只是随时把累积的运气拿出来使用而已，并没有比别人运气更好。同样努力，却没有获得好结果的人，只是累积了那些运气，之后会遇到更大的好事。”

司机说完，把出租车停在路旁，打开了后座的车门说：

“虽然很想和你多聊聊，但可惜已经到目的地了。”

修一看向窗外，发现外面的街道很陌生。

“这里是哪里？”

“是目前的你该来的地方。”

修一看向计费表，上面显示着“62130”的数字。虽然他觉得坐在车上的时间和上次差不多，但计费表减少的速度似乎比上次快。话说回来，因为他不需要付车费，所以即使减少的速度比较快，他也没有什么好抱怨的。

司机对下车的修一说："千万不要忘记，要保持好心情。心情不好的时候，就会影响把握运气转机的天线敏锐度。"

司机说完后，后座的门关上了。出租车立刻驶了出去。

"哼！多管闲事。"修一用几乎听不到的声音小声地对着离去的出租车说。

目送出租车离开后，修一凝视着眼前这栋建筑物。看起来像是昭和年代中期建造的小型商店街，名叫"银杏街商店街"。修一正站在商店街角落一家"银毫咖啡店"的店门口。

"这里是可以改变我运气的地方……"

虽然整栋建筑物的屋龄老旧，但咖啡店还很新。

白色墙壁和蓝色木门的搭配令人印象深刻，从整排大窗外可以清楚看到咖啡店内的情况。有两桌客人坐在小桌子旁，还有一个客人独自坐在店内正中央的大桌子旁。这家咖啡店的气氛很不错。虽然修一并没有完全相信司机说的所有话，但那个司机的确具备了神奇的力量。就连直接和司机说话时无法虚心接受的修一，在推开蓝色木门时，也很希望司机说的真有其事。

"好心情，保持好心情……"他在内心告诉自己。

推门进去后，和独自坐在右侧一整块木板做的大桌前的客人四目相对。修一不经意地露出笑容，用眼神向他打了招呼。对方也微笑以对。那张桌子可以坐十个人，但目前只有那个客人坐在那里，他和为他送上咖啡的女店员亲切地聊着天，想必是这家咖啡店的老主顾。

坐在后方小桌子旁的那两组客人，看起来像是家有读幼儿园或小学的年幼孩子的妈妈，坐在她们附近没什么意义。修一决定坐在大桌子旁的那名男客附近，但坐在他正对面有点奇怪，于是他避开正对面的座位，选择了旁边的座位，也就是坐在那名男客的斜左对面。

那名男客看起来三十岁左右，不知道是否在工作，他把点的戚风蛋糕和咖啡推到一旁，正在笔记本电脑上打字，店内响起敲打键盘的悦耳声音。

"他会改变我的命运吗？"

当然也可能是等一下进来的客人，或者是正站着说话的女店员。如果那个司机的话属实，现在这家咖啡店内的人，不，也可能是等一下进来的客人，掌握了为自己带来好运的钥匙。

"欢迎光临。"另一名女店员拿着水和饮料单走了过来。

"呃……请给我咖啡。"修一挤出最灿烂的笑容，用开朗的声音说。

“一杯咖啡，对吗？”女店员也露出满面笑容确认他点的饮料。

“对，麻烦你了。”

修一虽然不知道该做什么，但努力保持好心情。他带着笑容，打量着第一次造访的咖啡店。

咖啡店看起来很新，但墙壁、地板和窗框都是老旧废弃木材的再生利用品，感觉很别致。每一张桌椅都很讲究，也都使用了旧木材，特别有味道。只不过桌椅看起来不像是再生利用的资源回收品，可能是古董家具。

咖啡店不大，从客人和店员说话的语气，可以大致猜到店内的情况。刚才端水给修一的女人似乎是这家咖啡店的老板。

不一会儿，咖啡送到修一面前。虽然咖啡送了上来，但他不知道自己在等谁，也不知道在等什么，如果只是坐在这里耗时间，恐怕不会发生任何事。修一决定下次再和眼前的男人对上眼，就主动和对方说话。

果然很快就等到了这个瞬间。因为对方立刻察觉了坐在斜对面的修一在看着他。

“那个好吃吗？”修一指着男人面前的戚风蛋糕问。

“不错啊！”

男人有点惊讶，但仍然露出客气的笑容回答。他停下了正在打字的动作。

“是吗？那我也点一块试试。”

“请试试看。”

男人露出不知道该怎么回答的表情，笑了笑后，低头看着笔记本电脑。

“不好意思，可以给我一块和这位先生一样的蛋糕吗？”修一把头转向左侧，对吧台内的老板说。

“好。”

女人在回答的同时，立刻动手张罗。

“别人点的东西看起来就特别好吃。”

修一自言自语着，然后观察着对面那个男人的表情。修一拼命在找和对方聊天的契机，但那个男人只是嘴角笑了笑，立刻忙碌地开始打字，似乎并不希望别人和他说话。

“看来不是他。”

虽然修一闪过这个念头，但他仍然面带笑容，保持“好心情”等待戚风蛋糕送上来。

“让您久等了。”

虽然老板这么说，但其实没等多久，蛋糕就送了上来。

“谢谢。”他满面笑容向老板道谢，对方也笑脸以对。

所以是她吗？修一边想边用叉子叉起一大口戚风蛋

糕放进嘴里。

“哎呀，真是太好吃了。”

即使不用太大声说话，声音也传遍了安静的小咖啡店。咖啡店内的所有人应该都听到了他的感叹。

“真好吃。”他先向吧台内的两个女人——老板和店员说了这句话，然后又对眼前的年轻男子说：“真庆幸点了这块蛋糕，谢谢你。”

两个女人都露出了笑容，但男人露出苦笑，继续看着笔记本电脑工作。修一对着吧台内的两个女人说：

“我是保险业务员，吃过很多咖啡店的蛋糕，这里的戚风蛋糕真的最好吃。”

修一大声说道，让在后方聊天的两桌客人也可以听到。

“谢谢。”老板坦诚道谢，对他露出笑容，但马上低头洗杯子。

后方那两桌女客人也都没有反应，眼前的男人仍然看着笔记本电脑工作，整家店内没有人对修一说的“保险业务员”这几个字有任何反应。

“喊，我到底在干吗？”

修一在内心咂着嘴，脑海中浮现出从后视镜中看到的司机的笑容。

“我竟然上了那个司机的当，在这里努力讨好别人，但根本没有人对保险有兴趣。”

正当他打算赶快吃完蛋糕离开时，入口的门打开了，一个客人走进咖啡店。

该不会是他？

修一的目光追随着那个客人，那个看起来不到五十岁的男人发现坐在修一对面的男人后，立刻走过去说：

“老师，让您久等了！”

眼前的男人看到新来的男人打算坐在他旁边，立刻制止了他，然后起身，一起走向适合单独谈话的小桌子，只剩下修一独自一个人坐在足以坐十个人的大桌子旁。就在这时，修一的手机响起来。是胁屋打来的，但他没有接起电话。公司配发的手机可以根据卫星定位知道员工所在的位置，所以胁屋也知道修一目前在这里。

在咖啡店和客人谈事情可以成为不接电话的理由，但无法在这里坐太久。修一对自己相信司机的话，拼命寻找可以改变自己运气的机会而感到生气，觉得自己太滑稽可笑了。

——那家伙竟然要我，我可没有这种闲工夫。

修一起身结了账，在接过找零的钱时，他问老板：“请问这附近有车站吗？”

老板露出一丝惊讶的表情，随即露出微笑说：“出门后往左走，走到路尽头就是车站，很快就到了。”

修一走出咖啡店，又从大窗户看向店内，还是没有客人对他产生兴趣。

“唉，这里到底是什么鬼地方？”

修一心浮气躁地离开了咖啡店。

活着的奇迹

你才不会因为这种事完了呢！

即使没有收入，即使失去工作，

也不会完了，只是重新开始而已。

任何人都具备这种坚强，所以你不必担心。

修一抵达车站之后，才终于知道那里是从横滨车站搭电车往西二十分钟左右，一个名叫濑谷的地方。

“竟然带我来这么远的地方……”修一对那个司机的愤怒在内心渐渐膨胀。

虽然是白天，但车窗外的风景越来越暗。前一刻还晴朗的天空乌云密布，远处甚至传来雷鸣声。恐怕会下雨。他的脑海中才闪过这个念头，雨滴就打在了电车的车窗上。

当他抵达公司附近的车站时，倾盆大雨打在柏油路面上，溅起的水花让整个路面看起来好像蒙上了一层白色的雾霭，完全看不到行人的身影。车辆也因为视野不佳，行驶的速度和走路差不多。

车站前的出租车停靠站已经排起长龙，等车的人站在一小片遮雨棚下，腰部以下的部分都被雨淋得湿透，等着不知道什么时候才会出现的出租车。修一必须马上回公司，于是在车站内的便利商店买了一把塑胶伞，打开伞后走到路上。短短几秒钟，他就被淋成了落汤鸡，那把伞几乎没有发挥作用，只有脖子以上是干的。

“简直衰透了！”

从车站到公司只有五分钟的路程，他却全身湿透，简直就像穿着衣服冲了澡。

“真是搞不懂他，这种时候不是应该要出现吗？”修一忍不住骂道。

他当然是骂那个出租车司机，更何况那个司机擅自把自己带到横滨的僻地，结果害他必须搭一个多小时的电车才能回公司，最后还遇到这场滂沱大雨。

“全都怪他……”修一再度出声说道，但声音立刻被打在塑胶伞上的雨声淹没了。

当他终于冲进公司所在的大楼时，雨才开始变小。搭电梯来到公司所在的六楼时，从电梯厅的窗户看天色，雨似乎已经停了。

“可恶！怎么会这样？！”

修一来不及让烦躁的心情平静下来，就走向办公室。必须赶快去向胁屋报到，刚才回电话时，胁屋叫他赶快回公司。

“我回来了。”

修一上气不接下气，无力地说着这句话走进办公室，发现胁屋正无奈地叹着气。

“原本以为有希望签约，但挥棒落空了。”

“从刚才的电话中，我就知道了，本来打算请你去见另一名客户，看样子似乎没办法了。”

胁屋应该打算介绍修一去找他手上的客户中有意愿续约的客户，但修一满身大汗，而且西装被雨淋得湿透，即使和客户见了面，也只会留下坏印象。

“不，我可以去附近买新西装，换一下衣服就好。”

胁屋摇了摇头说：“不，时间来不及了，我自己去就好。”

胁屋说完，拿起皮包站了起来，穿越办公室，把自己的名牌贴在白板上“外出洽谈”那一栏。修一只能眼睁睁地看着他离去。

修一浑身湿透，当然不可能在椅子上坐下。他没有走向自己的座位，决定去便利商店买毛巾。当他再次来到电梯厅时，看到窗外阳光从云缝中探出头，照亮了路上的一个个水洼。

“事事都和我作对……为什么会这样？”他独自搭电梯时，忍不住叹着气。

有时候无论做任何事都只会带来反效果，这种时候就会觉得：这份工作是不是不适合我？

他自认为努力的程度不输给任何人，甚至觉得自己在工作上比其他同事更认真。有些同事以“拜访客户”

为由，和朋友出游、看电影，或是去咖啡店打发时间，为所欲为，只不过同事的业绩都比自己更理想。自己这么认真，无论做任何事都适得其反，但其他同事边玩边拉保险，业绩却很好这件事，让修一感到怒不可遏。如果说，结果决定一切，他当然无话可说，但他无法忍受自己这么努力，看起来却像傻瓜一样。

他始终认为，只要持续努力，总有一天会获得回报，所以努力不懈，没想到大量保单遭到解约，而且还被一个莫名其妙的出租车司机捉弄，浪费了上司为自己安排的重新站起来的机会。最糟糕的是，只有自己出门在外时下起倾盆大雨，简直就像是象征自己的运气有多差。不要说修一，任何人遇到这种事，都可能认为这是命运在暗示自己要辞去目前的工作。

修一把刚买的浴巾从袋子里拿出来后，把袋子丢进垃圾桶。走出便利商店时，发现那辆出租车敞开了门，停在前方的马路上。

修一发现自己怒目圆睁。“这家伙……”他气得冲向出租车。

他知道自己情绪可能会失控，于是紧紧握住浴巾，努力让颤抖的手停下来，然后尽可能慢条斯理地坐上出租车的后座。

“我说你啊，请你说清楚到底是怎么回事？……”

修一的话还没说完，司机慌忙说：

“冈田先生，你全身都湿透了。你不能就这样坐在车上，请把手上的浴巾垫在座位上。”

“少废话！”修一打断了他的话。

“咦？”司机看到他的反应，露出了意外的表情，“你好像……在生气？”

“当然啊，你可把我害惨了。”

“咦，为什么？为什么会这样？照理说，你现在要对我说‘我正在找你，想向你道谢’这句话才对。”

“你还有脸说这种话！你看看我的狼狈样！看起来像是走运的人吗？”

司机从头到脚仔细打量了修一后说：

“看起来……的确不像。”

“你这个人说别人坏话时脸不红、气不喘，也不想想是谁害的。”

“这……”司机关上了车门，“是我的错。”

“什么？”

“这都是我的错。是我害你大量保单遭到解约，我害你签不到新的保单，我害你失去了上司的信任，我害你被突然下的一场雨淋到，呃……还有其他我害到你的事吗？啊，对了对了，我害你不敢告诉太太在工作上的挫折，我害你女儿拒学，还有……我害你老家的店倒闭。”

“……”

修一茫然地听着司机像开机枪一样说的话。他从小就这样，当对方的反应出乎意料时，他就会说不出话。

司机见状，笑了笑问：“我这么说，你就满意了吗？”

“你……”

修一想要说话，却什么话都说不出。他天生就不是那种一怒之下可以把对方臭骂一顿的性格。

“冈田先生，你听好了，在人生路上，绝对不要再说什么是别人害你如何如何这种话。如果硬要怪罪的话，就怪罪你自己。”

“怪罪我自己？”

“对，没错。今天早上，我耳提面命，再三叮咛你‘要保持好心情’，但你现在完全就是‘坏心情’。看到这样不高兴的自己，难道不认为是自己造成的结果吗？”

“我不这么认为。我听从了你的建议，努力保持好心情，没想到上了你的当。我是因为上了你的当，才会感到不高兴，在此之前，我都努力想要保持好心情，却完全没有发生会让我运气变好的事。”

“不可能有这种事，照理说，你应该在那家店里把握了别人不曾经历过的美好命运转机。”

“怎么可能有这种荒唐事？根本没有发生任何事。”

“你在那家店内，应该遇到一个男人。”

“的确遇到了一个男人。虽然遇到了，但他对保险完全没有任何兴趣。”

司机双手捂住了脸，夸张地看着天空叫了一声：“啊啊！”

“怎样？你怎么了？”

“他不会买寿险，那个男人是知名作家。”

“作家？”

修一想起之后进来的那个不到五十岁的男人称他为“老师”，他看起来不像医生或是学校的老师，所以修一当时听到另一个男人叫他“老师”，就觉得有点奇怪，司机刚才的话，让他恍然大悟。

“你遇到那位作家之后，开始看他的作品，然后人生就发生了改变，让你有勇气辞掉目前的工作，进入新的行业，你之后的人生可以说是一飞冲天。”

“等、等一下，你上次不是说，我和梦果的班导师签约之后，会成为业绩顶尖的保险业务员吗？为什么现在又变成辞掉工作，迈向成功的未来？”

“当然会改变啊，因为你上次错失了成为顶尖保险业务员的机会，那样的未来已离你而去。人生有许多不同的机会。”

“我怎么知道？我还以为……”

“冈田先生，你只要稍微想一下就会知道，并不是只有签很多保单，才能够为你的人生带来转机。”

修一上次听了司机的话后，认定所谓改变人生的转机是在遇到某个人之后，签下了很多保单，所以完全没有去思考司机说的“稍微想一下”这件事。

“不，谁会发现这种事？”

“的确不容易发现，所以我不是告诉你，如果不保持好心情，接收运气转机的天线就无法发挥作用吗？如果你保持好心情，应该就会知道。”

“我的确保持了好心情啊！”

司机摇了摇头，打断了修一的话：

“一定没有，你当时并没有保持好心情，是不是只是装作表现出心情很好的样子，一心想要找向你买保单的人？”

“装作表现出好心情不行吗？根本没有发生任何好事，怎么可能保持好心情？”

“原来要从这里说起……”司机用力叹了一口气，“因为说来话长，我们先暂停一下。接下来，我也打算继续带你去可以为你改运，改变你人生的地方，但是你似乎并不相信我。如果你愿意，我可以把车子停在这里，然后让你下车。你要下车吗？”

修一注视着司机的眼睛，抱着双臂，陷入了沉默，最后眉头深锁，只说了一句：

"去吧。"

"你的意思是希望我带你去吗？"

司机向他确认，修一勉为其难地点了点头。

"我了解了，那我就开车了，但这次的目的地比较远，所以我们可以聊得彻底一些。这次会让你的人生运气发生戏剧化的改变。"

司机打了方向灯，准备开车。

"等一下，即使不去那么远的地方，只要你告诉我，今天遇到的那个作家叫什么名字，不就可以解决问题吗？因为你不是说，我遇到他之后，看了他写的书，人生发生了改变吗？"

"没办法。"

"为什么？"

"因为我不知道。"

"不知道？你的意思是，你不知道那位作家是谁吗？"

"对，我不知道，只知道会发生这样的事。冈田先生，你记得那位作家的名字吗？"

"不，我没有听到他的名字。"

司机夸张地耸了耸肩："太遗憾了，那我们去下一个地方。"

修一没有回答，车子开了出去。运气错过之后，似乎很难再找回来。修一抱着双臂，看向车窗外，试图整理自己的思绪。

虽然开车期间，车窗外的风景和搭普通的出租车时一样持续变化，但像之前一样，在短短的时间内，就移动了现实中不可能到达的距离。专心聊天后，感觉一眨眼的工夫就到了目的地。修一看着车窗外的风景，司机从后视镜中看着他说了起来：

“你有没有看到走在人行道上的那个男人？”

修一看到在人行道上散步的一名老人，他步伐缓慢地散着步，除此以外，完全看不出有任何特别之处。

“那个人很厉害。”

“……”

修一并没有回答，但司机继续说了下去。

“他年轻时就喜欢盆栽，他栽培的盆栽曾经囊括各大奖项，一盆要价好几百万日元。对面的人行道上不是有一个短发女人走过来吗？手上牵着一个小学生模样的小孩。她也是名人。她原本成立了舞蹈社，邀请附近的小孩子参加，后来舞蹈社迅速成长，成为一所有很多学生的舞蹈学校。那所舞蹈学校培养出来的儿童团体也获奖无数，她现在经常受邀担任电视上舞蹈节目的讲师。”

“看不出来……”

“虽然看不出来，却是千真万确。要不要我停下车，你和他们聊一聊？”

“不用了，我对盆栽和舞蹈都没有兴趣。你到底想说什么？”

“我想要说的是，我们日常生活中擦肩而过的人里，有各式各样的人，虽然有可能一辈子都不会再遇到，但在擦肩而过的瞬间，每个人都经历了不同的人生才终于走到今天。在我们的生活中，有许多为我们的人生带来奇迹的种子。

“你今天遇见的那位作家也一样。如果不是基于对对方有兴趣而聊天，他就只是一个男人而已，也不可能了解对方迄今为止的人生。大部分人都对其他人迄今为止的人生没有兴趣，只想着对方是否会成为自己的客人，是不是能够为自己的荷包带来钱财。但是，一旦对对方产生兴趣，找到彼此的交集，然后才开始聊天，双方就不再是陌生人。经过多次聊天后，就会变成熟人，进而变成朋友，甚至可能会成为恩人。

“所以，如果不了解创造这种契机的方法，所有的运气都会飘走，甚至无法获得原本会带来奇迹的种子。”

“难道你要说，保持好心情就是创造这种契机的方法吗？”

“是啊！因为走在路上时，你会对看起来心情恶劣的人说话吗？在咖啡店时，会对闷闷不乐的人说话吗？无论是问路，还是请人帮忙拍照，不是都会找看起来心情不错的人帮忙吗？工作上也一样，通常都不会请心情不好的人帮忙吧？”

“既然这样，只要看起来心情好，不是就没问题了吗？”

“冈田先生，别人也不是笨蛋，任何人都知道保险业务员为了提升自己的业绩，找新的保险客户时不可能板着脸。那并不是真正的心情好，而是为了赚钱努力挤出来的虚伪笑容。”

“每个人都一样，不可能随时都保持好心情。”

“的确不可能随时随地、一天二十四小时都保持好心情，但你不认为如果一个人的基本态度就是不高兴，会错过很多机会吗？”

“我的基本态度怎么可能就是不高兴？”

司机露出笑容，单手握着方向盘，用另一只手从悬在后视镜旁的仪器中拿了什么东西出来，然后放进仪表板中央的显示器中。

“现在已经有这么方便的东西，你知道吗？”

中央的屏幕中出现了拍摄车内状况的影像，修一出现在屏幕中。

“这是你搭这辆出租车的情况，最近很多出租车都会记录车内的影像防止犯罪。”

屏幕上出现了修一昨天第一次搭乘这辆出租车时的

影像。修一看到了自己的身影。虽然没有声音，但无论怎么偏袒自己，都没办法说自己看起来心情很好。

修一第一次看到拍摄自己的影像，举手投足比他想象中更加浮躁，感觉有点心神不宁。看起来很神经质，好像惊慌失措的胆小鬼，完全不像是值得依赖的成年人。如果有地洞，修一很想钻下去。

"我放一下声音。"司机说完，把手放在旋钮上旋转了一下，立刻听到司机的声音和一个陌生的嘶哑声音。

在昨天的影片中，修一完全没看到自己露出愉快的表情。紧接着是今天上午的影片。

"够了。"修一涨红了脸说。

司机按下停止键后，把像是记忆卡的东西放回了摄影机。

"怎么样？看了刚才的影片，是否可以发现我很努力在和你聊天？通常不可能有人脾气这么好，看到脸这么臭的人，还带着爽朗的态度和他聊天。"

修一不得不承认，自己在影片中看起来的确很不高兴，所以即使司机这么说，他也完全无话可说。而且刚才自己在影片中的样子和声音，和自己想象中相差太远，让他有点受到打击。

"你或许会认为'你根本不了解我！不要在那里说三道四'，我能够理解你工作上、家庭上都遇到了问题，有种屋漏偏逢连夜雨的感觉，也知道你很辛苦，但这都是你的基本态度‘心情差’造成的结果。如果不改变这个根本，即使面临运气的转机，你的人生也不可能改变。不光是你，这个世界上很多人的基本态度都是‘心情差’，只不过当事人并没有发现，只要去通勤电车上看一下就知道了。但那些人却都在烦恼‘为什么我无法得到幸福’，而且这种人永远都在说相同的话，说什么‘我整天遇到倒霉事，怎么可能心情好’。事实并非如此。基本态度是‘心情差’的人无法发现日常生活中的幸福种子，就只是这么简单而已。”

修一已经放弃和司机争辩。他凭直觉知道，比自己年轻很多的司机说的话完全正确，最重要的是，根本没必要驳倒眼前的司机。如果有方法可以改变眼前的状况，他简直求之不得。

修一重重地叹了一口气：

“我知道了。你说得没错，我的基本态度就是心情差，只是我之前没有发现而已，但是要怎样才能够保持好心情呢？”

“就是暂时放下利害得失。”

“放下利害得失？”

“对，没错。你觉得对自己有好处时，就会采取行动；觉得自己会吃亏时，就不会付诸行动。我猜想你已经觉得这很理所当然，这种想法已经深入你骨子里。你可以试着对未知的事物产生‘感觉很有趣’‘感觉很开心’的想法。”

“即使你这么说，但我就是没办法这么想啊！”

“也许是这样，但即使你无法认为有趣，也有人会觉得那件事‘有趣’，所以你可以产生好奇，思考‘他们为什么乐在其中’。”

“这样就可以让自己的心情好起来吗？”

“至少会比现在好很多……”

“这样就可以……”

修一感到怀疑，司机笑着继续说：“对了，我忘了说一件事。”

“什么事？”

“你还记得刚才走在路上的那个老人和短发的女人吗？”

“你是说喜欢盆栽和舞蹈的那两位？”

“对，他们都是发展自己的兴趣之后成为名人的，他们原本的工作有一个共同点。你猜是什么共同点？”

“不知道。”

“他们都曾经是保险业务员。”

“竟然……”

“而且他们都曾经是百万圆桌会的会员。”

“百万圆桌会的会员？！”

“你果然知道这个机构，这是由寿险理财专业人士组成的国际组织，听说每年的有效保费要达到相当高的金额才有资格加入。”

“没错，对我而言，根本遥不可及。”

“虽然我不知道是不是遥不可及，但他们都连续十多年达成这个目标。你有没有发现？路上有很多行人走来走去，但他们两个人都面带笑容。即使没有发生什么事，他们看起来心情也很好。”

“你为什么不早说？”

“你曾经有过机会。即使从未有过与盆栽或是舞蹈相关的经验，只要觉得看起来很有趣，或是因为‘我想听他说，看看到底有什么乐趣’，就有机会和对方聊天，也有机会交朋友。在成为朋友之后，如果知道大家是同行，不是有可能会和你分享工作的秘诀吗？你或许会说，如果你刚才就知道，或许会对他们产生兴趣，问题是谁都不可能一开始就知道。你认为对你有利就会采取行动，一旦认为对自己没帮助就不想做，我希望你可以改变这种行为标准。因为永远都无法了解会在哪里和别人产生怎样的交集。不知道这样你是否了解，最好能够对各种事都产生兴趣，觉得好像都很有趣、很开心。”

“知道了，我会试试。”修一勉为其难地接受了。

司机开心地露出了微笑：

“那我就顺便再告诉你一件事。”

“哦哦，那我就洗耳恭听。”修一变得坦诚多了。

“你还记得我说过，我的工作就是带你去会让你运气变好的地方吗？”

“对。”

“你知道会发生什么事吗？”

“啊？会发生什么事……”

修一答不上来，努力挤出这几个字。他之前隐约觉得会让自己运气变好的地方，就是可以让自己签到新保单的地方，但从司机刚才说的话中知道并非如此。自己未来的幸福未必是成为成功的保险业务员，既然这样，到底会发生什么事他就真的不知道了。

“到底是什么事？我可能不太清楚。”

“我并不意外，太好了，幸好我问了你这个问题。因为在那里不会发生任何事。”

“什么？”修一皱起眉头。

“你看你又露出不高兴的表情了。”

修一听到司机这么说，慌忙恢复了前一刻的表情。自己竟然这么听司机的话，连他自己都感到不可思议。理由很简单，那就是眼前的司机是超越了人类智慧的存在，这是无须争辩的事实。

“你听我说，所谓的运气好转，用另一种方式表达，就是人生的转折点。也就是说，以此为起点，人生越来越好，并不是发生了什么惊天动地的事，只是事后回想起来才会知道‘原来那里是起点’。虽然并非没有发生任何事，但你不会觉得发生了什么特别的事。”

“完全没有感觉吗？”

“不，会感觉到些微的变化。”

“些微的变化……”修一很没把握地重复了一遍。

“冈田先生，我曾经对你说，人生中有很多‘幸福的种子’，对不对？”

“然后还说如果心情不好，就无法得到这些种子。”

“没错，心情不好的人在日常生活中，甚至无法得到这些幸福的种子，但只要保持好心情，就可以得到很多种子。”

“我已经了解这一点了。”

“是吗？那就简单了。冈田先生，你有没有种过蔬菜？”

“啊，蔬菜吗？我没有种菜的经验。”

“比方说，种胡萝卜的话，要在春天天气变暖和之前就播种，然后你知道什么时候可以收成吗？”

“不知道，差不多五个月之后？”

“你很了解嘛！我还以为你会说‘就是收成的那一

天'呢。"

"我还不至于那么愚蠢吧。"

"我知道，这当然是开玩笑，但你不觉得我们在讨论工作的成果或是努力的成果时，就是在期待这种愚蠢的事吗？"

"你的意思是说，我们认为自己很努力，所以希望马上看到结果吗？"

"对，但是觉得迟迟没有结果，为此深陷苦恼，甚至有人认为自己运气太差。那些认为自己很努力，却没有获得回报的人虽然播了种，也在努力耕耘，只是还没有到收成的时间，就开始叹息'怎么还没长大'。如果能够用更长远的眼光来看，这个世界上所有的努力都会有回报，只是努力的时间太短，就期待会有结果。再怎么成长迅速的种子，都不可能今天努力，明天就开花结果。"

"即使能够理解你说的情况，我也没有时间了。至少要在下次发薪日之前，重新签回那些保单，否则就真的完了。"

"你才不会因为这种事完了呢！即使没有收入，即使失去工作，也不会完了，只是重新开始而已。任何人都具备这种坚强，所以你不必担心。"

修一忍不住热泪盈眶地看着司机。司机的这番话带给他力量，让他有勇气站起来。

“我也有吗？”

“当然有啊！而且即使发生了你想象中最糟糕的状况，只要你有从谷底重新开始的勇气，有朝一日，你一定能够说出刚才那句话。”

“刚才那句话？”

“就是‘原来那里是起点’。”

不知道是否因为接连遇到各种问题，让修一陷入了低潮，司机说的话让他的泪水都快要流下来了。

他用力忍住了泪水，慌忙吸了吸鼻子说：

“这样啊，哈哈哈，我好像浑身是劲啊！”

“听你这么说，真是太高兴了。”司机开心地抓着头。

修一坐在后座，看着他的背影调整呼吸。虽然搞不清楚原因，但觉得既然这个司机这么说，自己应该就具备这种力量，对此刻的修一来说，这句话是强大的心灵支柱。修一再次吸了吸鼻子，露出了笑容。因为已经不需要再露出不开心的表情了。

“对了，你刚才说，所有的努力都会有回报。”

“对啊！”

“你昨天也说过这句话。”

“对，我说过。”

“你说的话都很正确，也带给我勇气，但我认为这句

‘所有的努力都会有回报’是为了鼓励我的安慰话。”

“我才不会出于这种原因说谎而激发你的努力，所有的努力的确都会有回报。”司机从后视镜中看着修一的脸，“咦？你好像不相信，但其他事只能下次再说了，因为目的地到了。”

司机说完，停下车子，打开了后座的门。

天色在不知不觉中变黑。修一虽然不知道司机把他带到了哪里，但看起来像是某个闹市区。

他看了计费表，发现变成了“42330”。这次似乎花掉了不少点数。

“这里是哪里？”

司机露出笑容说：“改变你运气的地方。”

修一的嘴角露出笑容，下了出租车。原本湿透的西装已经完全干了。

“请你不要忘记！”

“保持好心情对不对？这次没问题。”

“还有！”

“不要计较利害得失，要‘产生兴趣’，对不对？”

司机用力点了点头，关上车门离开了。

保持好心情

原来保持好心情

并不是期待会发生什么好事，

而是决定要享受即将发生的事。

修一下车后环顾四周。虽然是陌生的地方，但他立刻知道这里是闹市区，附近有很多商住混合大楼，酒店和酒吧招牌林立。路上人来人往，还有许多出租车。眼前这栋大楼的一楼就是一家酒吧。

“这里吗？”

他在准备走进那家店之前，抬头看了大楼。这栋门面狭窄的灰色大楼上面也有许多酒家，当他看到大楼前的招牌时，忍不住停下了脚步。因为他看到有一家名叫“出租车”（“TAXI”）的店。

“竟然叫‘出租车’……”他忍不住笑了起来。自己的命运似乎正因为出租车而改变，“应该是这家店才对。”

修一改变方向，走向电梯厅。走进狭小的电梯，按下了“5”的老旧按键。

电梯上升期间，修一持续在心里默念着：“好心情，好心情。”

走出电梯，右侧就是酒吧的门。刚才站在马路上观察时没有发现，这家酒吧的气氛似乎很不错。走进酒吧后，老板站在右侧的吧台内，满面笑容，用沉稳的声音迎接他。

“欢迎光临。”

店内已有一个客人，坐在吧台最深处的座位，正在笔记本上写字。竖在后方墙壁上的吉他盒应该就是那位客人的。修一隔了三个空位，也在吧台前坐了下来。

“请问要喝什么？”

“那就先给我啤酒。”

修一说完后，拿出了智能型手机，想要用手机上的地图确认自己目前所在的位置。他打开应用程序，确认了目前的位置，看到代表自己的蓝色日元点在一栋住商混合大楼内。他用手指将地图缩小后大惊失色。

“松、松山？！”

他忍不住抱住了头，立刻把公司的手机关机。现在是下班时间，所以关机并没有问题，但如果胁屋发现自己目前所在的位置，问他“你为什么去四国”，他不知该如何回答。唯一庆幸的是，今天是星期五，明天不需要上班，所以可以编各种理由。如果不是星期五，明天就无法赶去公司上班了。

关机之后，心情反而变轻松了。虽然他不懂其中的原因，但反正无法改变目前身处松山的事实，而且这里好像是有助于自己走好运的地方。既然这样，最理想的应对方式，就是自始至终保持好心情，享受眼前的状况。他很自然地产生了这样的想法。

“虽然不知道会发生什么事，那就对即将发生的事乐在其中吧！”他下定了决心，心情自然就好了起来，“原来保持好心情并不是期待会发生什么好事，而是决定要享受即将发生的事。”

回想起来，之前从来没有享受过独自在酒吧喝酒的时间。无论之前卖二手车或是进入保险业之后，每次聚餐，都是和同事一起去居酒屋热热闹闹地开心喝酒，像这样独自坐在酒吧……他有点手足无措，但同时觉得有这样的时间很不错。这是一个不受任何人打扰，可以独自沉浸在音乐中的地方。

“这家店真不错。”修一对吧台内的老板说。这是他发自内心的感想。老板面带微笑，向他轻轻点了点头。修一打量店内。

他和坐在吧台左侧的年轻男人四目相对。修一露出笑容，对方也还以微笑。年轻男人合起了刚才正在写的笔记本，拿起放了大冰块的杯子。虽然他看起来年轻，但实际上可能已经三十多岁了。

“你经常来这家店吗？”

“嗯，是啊！有收入的日子就会来这里。因为我喜欢这里的气氛，和在这里度过的时光。甚至可以说，我是为此而工作。”他半开玩笑地说完最后一句话，笑了起来。

“你是因为兴趣弹吉他的吗？”修一看向吉他盒问。

男人苦笑着说：“不，我靠这个赚钱。”

“我真是太失礼了，所以你是专业音乐人。”

“不不不，我没这么了不起，只是打开吉他盒，在街头弹吉他，靠路人打赏。虽然也算是以音乐为职业的专业音乐人，但我想应该更像是大家所说的‘自称音乐人’，也就是俗称的‘街头艺人’。”

男人说到这里，露出了无忧无虑的笑容。

“所以你除此以外，并没有做其他工作……”

“没有，因为我决定要以此为生。我自己创作歌曲，靠演奏自己的作品过日子。赚到钱的日子，就会来这里喝一杯，这是我人生中唯一的奢侈。”

“所以你正在努力追梦，希望有朝一日可以成为明星吗？”

“我并没有想要成为明星，但也不排斥成为明星。”

“什么意思？”

“就是我的表演并不是为了这个目的。或许我这么说听起来有点大言不惭，但我做自己喜欢的音乐，只要有人喜欢，无论人多人少都没有关系。因为自己所做的事，能够让别人感到幸福，就是令自己感到最幸福的瞬间。我希望自己的人生能够以这种方式慢慢累积。”

修一感到极大的冲击。因为工作的关系，他迄今为止遇到的所有人，无论同事还是客户，都严肃对待收入、保险和未来的规划这些问题，都觉得如果收入没有超过一定水平，就无法过日子，从来没有遇到过像眼前这个男人一样，做自己想做的工作，即使收入微薄，也能够靠有限的收入生活的人。

但是，最令他感到震撼的不是眼前的男人用这种方式生活，而是他用这种方式生活，看起来却很幸福。不，他并不知道眼前这个男人是否真的幸福，但至少看起来“心情很好”——就像出租车司机所说的，眼前这个人懂得如何取悦自己。修一忍不住起了鸡皮疙瘩。

“太强了……”修一在心中感慨。

修一喝完啤酒后，点了兑水的威士忌：“真想听听是怎样的乐曲。”

男人的嘴角露出笑容，从放在脚下的皮包中拿出一张 CD，伸直右手，放在修一面前的吧台上。修一从椅子上站了起来，拿起 CD，然后在男人旁边坐了下来。

CD 的封面是一张侧脸的黑白照片，上面只写了“Arata”这几个字。

“Arata...”

“对，我叫藤上新，艺名叫 Arata。如果你不嫌弃，这张 CD 送给你。”

“不不不，我向你买，我会付钱。”

修一看了 CD 盒背面，上面印着“1500 日元”的价格。

“你收下吧，我只向听了我的歌之后觉得喜欢的人收钱，你……”

“我姓冈田。”修一慌忙自我介绍。

“冈田先生，你还没有听过我的歌。”

修一心存感激地收了下来：“那我就不客气了，我回家之后一定会听。”

修一在说话时，用双手把 CD 举到额头前收下。老板把兑水的威士忌放在他面前，修一喝了一口，转头看向藤上的方向。

“你每天的生活应该很辛苦吧？因为不要说下个月，连明天的收入也不稳定，难道你不会担心吗？”

这是修一内心很单纯的疑问。只做自己喜欢的工作过日子听起来很潇洒，但真的要选择这样的生活方式，需要很大的勇气，根本无法保证未来。不要说未来，甚至明天的事都无法预料。

然而，眼前的男人每天过这样的生活，却完全没有悲壮的感觉，而且他还说，只要赚到钱，来这里喝一杯就是他的幸福时光。

或许这很像年轻人的作风，他可能只是没有多想，但修一并不具备这种勇敢，或者说是刚毅。修一向来对“未来”战战兢兢，从小就是这样，他不认为自己有办法像眼前这个男人一样生活。

修一很想深入问他：“你不会对未来感到不安吗？”但总觉得这样问很失礼，所以就忍住没问。如果自己身处相同的立场，必定会对未来感到极度不安。

藤上稍微笑了笑，拿起杯子喝了酒：

“冈田先生，你弹过吉他吗？”

“没有。”

“这样啊！吉他弹久了，会变成这样。”

藤上在说话的同时，把左手伸到修一面前。修一仔细打量他的左手，但不知道他想表达什么。

“指尖会变硬。”

藤上将手推了上去，修一摸了摸他的指尖。

“真的很硬呢！”

“如果有机会，你可以弹一下吉他，但一开始没办法顺利弹出声音。因为指尖太软，按住吉他的弦时，指尖会凹下去，但吉他的弦都绷得很紧，所以想要弹出声音，就必须很用力按住，结果即使自认为没有碰到，但其他手指还是会碰到琴弦，这样就弹不出声音了。”

“你要不要弹弹看？反正现在没有其他客人，没关系啊。”老板站在吧台内，面带笑容地说。

“不，我……”

藤上没有理会修一的回答，打开吉他盒，拿出吉他，交到修一手上。

这是修一第一次碰吉他，他战战兢兢地捧在手上。

“你用右手弹一下。”

修一听了藤上的话，用右手弹了六根弦。原本以为会弹出“锵”的声音，没想到六根弦先后发出参差不齐的难听声音。

“真的欸，比我想象中还硬。”

“你要不要试试用左手按住？”

这根手指要按这里，那根手指要按这里。藤上逐一指定了手指的每个位置。

“这称为 C 和弦，你左手就按住那几个位置，右手再用力弹看看。”

“好，好……”

修一按照藤上的指示，用右手弹了琴弦，只有一根弦发出声音，其他五根弦并没有发出动听的声音。

“哦哦……比想象中更难啊！”

修一重新握了好几次，努力想弹出 C 和弦的音，但始终弹不出来。修一笑着掩饰着内心的害羞，把吉他还给了藤上。

“但只要持续练习，指尖就会像这样变硬。当指尖变硬之后，就可以像这样轻轻按住琴弦。”

藤上说完，按在刚才指导修一的C和弦位置，发出了“锵、锵”的响亮声音。可能刚才按得太用力，修一感觉左手指尖发麻。藤上立刻把吉他收进吉他盒。

“必须练到指尖变硬之后，才有办法弹吉他。你不觉得这件事很厉害吗？”

“很厉害？”修一皱起眉头。

“对，持续练习，身体就会变成适合吉他的构造，但不是只有吉他才这样。当持续做一件事时，人的身体就会逐渐变成适合那件事的构造。你不觉得这很厉害吗？”

修一以前从来没有想过这件事很厉害，但听他这么一说，觉得好像的确很厉害。

“我认为人类的身体很柔软，就是为了能够适应各种构造。当对某一件事产生兴趣，开始使用身体并持续适应后，必要的部位就会成长或是变硬，逐渐变成适合做那件事的身体，但这期间，一定会遇到一件事。”

“这期间，一定会遇到……”修一看着又红又肿的左手手指。

“没错，那就是‘疼痛’。你现在是不是觉得手指发麻？当身体感觉疼痛之后，才会渐渐变成适合做那件事的构造。我们的身体柔软，代表可以适应任何事，经历疼痛之后，才能够成为这方面的专家。”

“疼痛哦……”修一感受着左手指尖的疼痛，听着藤上说话。

“动物不穿鞋子也可以在山上行走，人类为什么必须穿鞋子才能走路？我相信两者的道理相同。因为我们从出生之后，双脚就一直被袜子和鞋子保护，所以脚底就变成适合鞋袜的构造，也就是说，人类的脚并没有比动物柔软脆弱，而是人类过度保护自己的脚。”

“过度保护？”

修一觉得这种形容很好笑，忍不住笑了起来。

“对，因为怕痛，所以一直穿着鞋子，但只要持续穿鞋子，身体就会变得一旦没有鞋子，就无法生存。如果鼓起勇气放弃鞋子，即使一开始痛得要命，但不久之后，双脚就不需要鞋子了。”

“双脚不需要鞋子吗？”

藤上笑了笑说：“当然没有人想要让自己的脚不需要鞋子，我只是比喻。”

“是……”修一似懂非懂地应了一声。

“重点是，人类一开始很柔软、很脆弱，在持续使用后，虽然会觉得痛，但会越来越强、越来越坚硬，当不再感到疼痛时，就代表已经是适合那件事的构造了。我向来这么认为。”

“原来如此……”

“我目前的生活也一样。打开吉他盒，弹奏自己的乐曲，靠别人的打赏过日子的确很辛苦，但我觉得这是磨炼脆弱的、爱操心的自己最好的方法。”

“你以前很容易担心吗？”

“对，别看我现在这样，我以前是上班族。”

“这样啊？”

“对，店门口不是都会有踏垫吗？就是可以清除鞋底脏污的那种踏垫，我的工作就是去店家换踏垫。虽然我之前就很想靠音乐吃饭，但是迟迟没有勇气，无法挑战。虽然工作只是为了赚取从事音乐活动的资金，但很怕真的没有薪水的收入。那时候的我很胆小。”

“任何人都一样啊，有五斗米才有办法挑战，至少你并不是胆小鬼。如果是胆小鬼，根本没有办法在大庭广众之下弹吉他。”

藤上摇了摇头说：

“我以前也很害怕在大庭广众之下弹奏。起初手指都会忍不住发抖，中途卡住之后，脑袋里一片空白，完全弹不下去。在家里练习的时候完全不会卡住，但在别人面前弹奏，就完全不行……当初我就是这样开始的，但那时候，我发现了刚才的事。”

“必须经历疼痛，才能够变得更强。”

“对，我知道自己很胆小，也很容易担心，所以觉得必须变得更坚强才行。如果不经历疼痛，就无法变得坚强，所以我想在街头弹奏，让自己经历更多的磨炼。不久之后，我在别人面前弹奏时不再出错，于是就开始寻求新的磨炼，然后就在不知不觉中辞去了工作。当我认为对这个磨炼不再感到疼痛时，我应该就具备了生命的坚强，也获得了自由。”

“怎么样呢？你变坚强了吗？”

藤上露齿一笑说：“要怎么说呢？我也不清楚，至少我现在不会再去思考，万一变成这样怎么办，万一变成那样该怎么办。说起来很奇怪，当拥有很多的时候，整天都在想这些问题，如今只住在老旧的小公寓内，靠这把吉他过日子，反而不再思考这些问题。”

“这样啊。”

“所以我相信自己一定变坚强了。”

“你以后也会继续在街头唱歌，有朝一日……”

藤上摇了摇头说：“这就不知道了，但目前的生活的确成了一种磨炼，所以我认为之后可以做任何事。既可以继续走音乐路，也可以开公司，或是开一家店。我最近开始觉得，只要自己变得坚强，做任何事都没问题。”

“这样啊。”

“你刚才问我，不知道明天有多少收入的生活是不是很辛苦。答案是真的很辛苦，但我过这种生活，就是为了追求这种辛苦，所以并不感到害怕。”

“是为了变得更坚强、更顽强？”

“对，我打算继续磨炼自己一阵子，只是有时候也必须享受一下，所以……”藤上说着，举起了酒杯，“所以我来了这里。”

修一也举起了酒杯。

“你为什么突然去松山？”

优子劈头就问了这个问题。

“我回去之后向你解释，是因为工作的关系。”

虽然修一这么回答，但也知道无论怎么解释，优子都很难接受。

“对了，我想问你一件事。”

“什么事？”

“昨天不是和梦果的班导师面谈吗？”

“对。”

“我到的时候，看到你已经到了，正在和老师说话，你们在聊什么？”

“聊什么……就是闲聊啊。你等一下，对了对了，刚好聊到你，我说你是保险业务员，老师就说：‘我刚好想买寿险，很想了解一下。’所以我就对老师说，等面谈结束后，一定会让你提供一些参考意见，没想到你后来好像心情很不好。”

“我知道了，你不用再说了。”

修一挂了电话。他并不感到惊讶。在听司机提到这件事时，他就知道优子和老师八成就在聊这些，刚才听了优子的话，终于确信了一件事——

那个司机说的话，全都是真的。

若是如此，就代表今天在酒吧发生的事，有什么有助于自己运气好转的要素。

然而，他并不认为有什么太大的变化。这的确是他第一次走进酒吧这种地方，在酒吧内遇到的音乐人说的话充满新鲜感，打动了修一的心，或许会对今后的人生产生重大影响。

只是并没有聊到自己的工作，临别时，虽然递了名片给藤上，但修一并不是为了拉保险，只是用轻松的方式介绍自己的名字。因为他知道自己并不会向藤上推销保险，也没有任何可能签到新保单的预兆。

司机也曾经提到“辞去保险工作，仍然走向幸福未来”的可能性，是否在暗示他可以走不同的路，如果有不同的路……

吉他？修一想到这里，忍不住苦笑起来。四十多岁的大叔开始学吉他，然后成为吉他手不可能是那个“幸福未来”吧。

在思考并非延续目前状况的未来时，修一明确感受到自己兴奋了起来。只是每次有这种感觉时，他都觉得只是在逃避现实而已。他把思绪拉回来，努力思考延续目前状况的未来，因为他知道那里有必须面对的痛苦。

签不到保单，我在这种地方干什么？他忍不住责备自己，但同时有另一个自己思忖着“我是否需要面对更多磨炼，才能够像藤上一样不再害怕未来呢”。

修一的内心渐渐走出了绝望的深渊，他想起司机说的话：

“并不会马上发生任何事。”“播下种子之后，需要一段时间才能收成。”

以后回顾自己的人生时，会发现今天晚上发生的事，可能已成了某种邂逅的转折点。虽然他仍然对现状感到焦虑，但开始对未来产生了隐约的希望。

隔天一大早，修一就去了道后温泉。他打算好好泡温泉，整理一下目前的状况。以前曾经遇到过一个来自松山的客户，那位客户告诉他，圣德太子曾经来道后温泉疗养过。他认为发生太多事，脑袋陷入一片混乱时，最好的方法就是让自己放轻松，于是决定来泡温泉。

泡完温泉，穿上浴衣后，顿时浑身喷汗。穿着被汗水湿透的浴衣，感受着早晨和缓的清风，享受着这份难以形容的宜人凉爽，他已经好久没有迎接如此舒爽的早晨了。

然后，他换上了昨天一直穿在身上的那套西装，搭有轨电车来到大马路上，漫无目的地在松山的商店街上闲逛。商店街内充满活力，信步走在街上，心情就很好。

“感觉保持好心情似乎也不是一件困难的事嘛。”正当他脑海中闪过这个念头时，他看到了一家乐器行。修一情不自禁被吸引过去。

因为他连自己都难以相信，所以即使向别人说明当时的精神状态，应该也没有人能够理解。但是，当他走出乐器行时，肩上已经背了一个吉他盒。他分析了自己想要买吉他的理由，觉得还是受到了出租车司机的影响，这也许是唯一的理由。

如果昨天那家酒吧可以为自己人生的运气带来转机，只要自己保持好心情，就能够察觉到契机，吉他就是唯一的答案。而且他并没有刻意找乐器行，乐器行就出现在眼前，似乎是某种预兆。

他在乐器行内看到了藤上使用的那种品牌的吉他，然后惊讶地发现马丁（Martin）品牌的吉他价格竟然那么昂贵。听乐器行的店员说，既然买吉他，就该买贵的吉他，但他实在舍不得下手。最后还是买了一把十万日元左右的吉他，买了之后还忍不住反省“花太多钱了”，但和马丁相比，价格只有十分之一而已。

“这一定是我目前需要的东西。”

修一确信这件事，只不过他也不知道为什么需要，更不知道可以发挥什么作用。他无法向别人说明，更无法期待别人听了之后能够认同他的行为。买了吉他之后，他才开始为“该怎么向优子解释”这件事烦恼。优子看到吉他，一定会生气地说：“你为什么去买这种东西？”

虽然优子不会大发雷霆，但一定会用她惯用的语气数落他：“你觉得我们家有钱买这种东西吗？”“反正你只是心血来潮，很快就会变成垃圾了。”

当她数落完之后，就会觉得自己说得太过头了，露出反省的表情说：“我知道你是因为工作上的关系不得不买，所以也没办法……”这件事应该就此落幕。但是，这种情况只有在工作顺利的条件下才成立。因为修一之后必须告诉优子的事，会让优子产生难以理解的混乱：

“有二十张保单解约。

“下个月的薪水会减少超过三分之一，搞不好会少一半。

“还要归还之前十个月领到的这部分保单的佣金薪水。

“也会从奖金中扣除，所以暂时无法指望奖金了。

“搞不好必须用存款还钱，到时候只能动用为梦果读高中所存的那笔钱。

“巴黎旅行恐怕无望了。”

每一件事都无法带着轻松的心情说出口，听的人也要做好充分的心理准备，但按照目前的情况，修一必须把以上这些话全都告诉优子。即使优子能够体谅，而且退一百步，即使会安慰他说“这也是无可奈何的事，只能继续努力了”，也会接着问：“为什么这种时候跑去买吉他？”

“你这么问，我也不知道该怎么说，反正目前的形势就是必须买吉他，因为有很多预兆显示，这么做有助于开拓未来。”即使这么回答，优子也不可能接受。还是干脆把那个匪夷所思的出租车司机的事和盘托出？修一摇了摇头。

“她更不可能相信的。”

当修一天黑之后回到家，优子的反应出乎他的意料。她看到修一背着吉他盒，惊讶地瞪大了眼睛，一时说不出话，最后才终于问：“你买了什么回家？”

虽然她的问话符合修一的预期，但她的表情中不见怒色，只是太惊讶了。

“不是啦，这是有原因的……下次再向你说明。”

修一掩饰着，但优子之后也没有生气，更没有追问原因。她是以为和客户应酬，无论如何都必须买吉他，还是以为上司强迫自己在半年后的尾牙上表演，所以要先练习？

总之，修一并没有特别说明，优子就认为他是出于不得已的原因买了吉他。修一松了一口气，但最大的问题还没有解决——他对优子说该说的话还是无法启齿。

修一用大拇指摸着每天练习吉他到深夜、稍微变硬的指尖，坐在出租车上看着窗外的风景。

原本以为那个神秘的出租车司机会每天出现在自己面前，但这次已经隔了五天，修一开始怀疑这一切是不是真的，会不会是自己在做梦，有点分不清梦境和现实的界线时，出租车司机突然出现在他面前。出租车司机一如往常，没有告诉他目的地，就把车子开了出去。修一思考着这几天来，自己身上发生的变化，默默地坐在后座。

司机曾经说，只要保持好心情，有助于让把握改变人生机遇的天线变得敏锐，人生就会开始改变。他用自己的方式实践了司机的教导，原本以为只要这么做，自己人生的转机很快就会出现，但自己的人生在这几天并没有明显的变化。

最后一次见到出租车司机至今，他没有签到一份新保单。发薪日一天比一天近，状况越来越严峻，他的运气非但没有变好，反而可以说越来越差。

我现在有闲工夫做这种事吗？我到底该怎么办才好？

所有的努力都会获得回报

当你花时间为别人带来幸福时，

不是会获得某些回报吗？

为别人做的事，

和别人的回报之间的落差就是“运气”。

每次产生这种想法，内心陷入焦虑时，他发现自己就会挑起眉毛，皱起眉头。

“不行，不行，我要保持好心情。”他每天都这么提醒自己。

此刻，他也看着窗外的风景，对于即使自己保持好心情，但生活并没有太大的改变感到不满，或者说有点焦躁。

“如果不保持好心情，就无法发现运气的转机……”他这么告诉自己。

但是，他总觉得这几天好像忘记了什么重要的事。他从后视镜中看着司机的脸时想起这件事。

“对了，集点卡……”

出租车司机最先和他提到集点卡的事。

司机说，运气和集点卡一样，没有好坏之分，只有“使用”或是“累积”。当发生对自己有利的事时，不要认为是自己运气好，而是自己使用了运气。

听到司机这么说时，修一忍不住想：如果之前没有累积运气，就不会有好事发生。司机又告诉他："如果不保持好心情，察觉运气转机的天线就无法发挥作用。"

修一逐一回想起司机告诉他的每一句话，觉得自己也许产生了天大的误会，差一点叫出声音。

"等一下，虽然司机说只要保持好心情，就可以让察觉运气转机的天线更加敏锐，但并没有说保持好心情，就可以累积运气。既然运气就像是集点卡制度，必须累积才能使用，如果我在迄今为止的人生中，并没有累积运气，即使保持好心情，察觉到运气的转机，也没有可以使用的点数啊！"

难道自己能断言，在迄今为止的人生中，已累积了足够的运气可以改变人生，为人生带来幸福吗？

答案是否定的。

所以，即使保持好心情，发现了运气的转机，也只能带来小幸运。修一抓着前方的座椅，猛然坐直了身体。

"怎么了吗？"司机惊讶地从后视镜中看着修一。

"我问你，你不是说，如果不保持好心情，感受运气的天线就无法发挥作用吗？"

"对，没错。"

"保持好心情，是不是只能发现运气的转机，并不能累积运气？"

“没这回事，只要每天保持好心情，就可以累积运气。”

修一稍微松了一口气，靠在椅背上：“这样啊……”

“是啊，俗话不是说‘聚沙成塔，积少成多’吗？”

“聚沙成塔？”修一又忍不住身体向前倾。

“对，你千万别小看这件事。每天都心情愉快过日子的人，和郁郁寡欢的人，一年累积的运气量有着天壤之别，完全无法相提并论。”

“嗯，我想也是。”

修一有点失望，再次靠在椅背上。

如果司机的话属实，修一从懂事的时候开始到今天，每天都开开心心过日子的话，现在已经累积了惊人的运气，只不过他从前几天才开始努力保持好心情，所以应该只累积了沙子程度的运气，无法期待能够得到天大的幸运，更无法期待在未来的几天内，签到有助于起死回生的保单。

“我不想聚沙成塔，有没有方法可以一开始就能累积整座塔的运气？”修一喃喃自语着。

司机看着前方回答说：“有。”

修一再次露出兴奋的眼神：“有吗？”

“有。”

“怎样才能做到？请你告诉我。”

“就是花时间为别人带来幸福。”

“花时间为别人带来幸福。”修一重复了司机说的话。

“没错，但是还有下文。当你花时间为别人带来幸福时，不是会获得某些回报吗？为别人做的事，和别人的回报之间的落差就是‘运气’。”

“自己为别人做的事，和别人的回报之间的落差就是运气？这句话是什么意思？”

修一无法明确了解这句话的意思，忍不住向司机确认。

“咦，这句话很难理解吗？”

出租车改变了车道，超越了停在路旁一辆搬家公司的货车。

“假设你利用某个假日帮朋友搬家，这就是花时间为别人带来幸福。搬家之后，你朋友请你吃了鳗鱼饭，感谢你帮忙搬家。”

出租车刚好经过一家鳗鱼饭餐厅。

“你为朋友做的事是帮忙搬家，朋友的回报是请你吃鳗鱼饭。你觉得你的付出比较多，还是觉得朋友的回报太多了？”

“嗯，我觉得差不多。”

“原来如此，这样的话，你可以认为既没有使用运气，但也没有累积运气。如果你朋友包了二十万日元的红包给你作为答谢呢？”

“他给得太多了。”

“是啊，这种情况下，就可以认为使用了运气。相反，如果你朋友完全没有任何表示呢？”

“那代表……我累积了运气？”

“就是这样。”

司机的说明简单易懂。原来在这种情况下可以累积运气。

“所以说，如果帮了别人很大的忙，对方却完全没有回报，就代表累积了很多运气吗？”

“没错，就是这样。”

修一抱着双臂，注视着副驾驶座的头枕。接受这件事的自己和无法接受的自己在内心持续问答。他皱着眉头沉思片刻。

“嗯……”他发出低吟后开了口，“工作也一样吧？”

司机一脸正中下怀的开朗表情，从后视镜中看着修一：

“没错。”

“但这不就意味着只是吃亏吗？”

“为什么？”

“如果做搬家的工作，工作一天可以拿到一万日元的薪水，假设工作了一整天，只拿到五千日元，不就是吃亏吗？”

“并没有吃亏，因为累积了运气。”

“如果这么想，就会被公司压榨，一辈子都吃亏。”

司机摇了摇头说：“没这回事，这种人会持续累积运气，有朝一日……”

修一摇着头说：“不，没这回事。你能够断言绝对会有这样的结果吗？这个世界上有很多人并没有因此得到幸福，只是一直被剥削而已，一辈子没有任何好事，人生就画上了句点。现实中有很多这样的人生，即使这样，你仍然要我相信你说的话吗？”

司机苦笑着说：

“即使是这样的人，大部分只要保持好心情，就有机会一口气使用之前累积的运气。难道你不认为那些过着那样人生的人，选择了和‘好心情’无缘的生活方式，也是不容怀疑的事实吗？”

司机在说话时，扬了扬下巴。车窗外是某个车站的入口，有很多人从车站内走出来，每个人脸上的表情都称不上好心情。

修一觉得司机说的话也有道理。不光是车窗外的那些人，包括自己在内，在上班路上遇到的每个人，都理所当然地露出不悦的表情。难道每个人只要保持好心情，就能够使用之前累积的运气，迎接改变人生的转机吗？

能够断言每个人都这样吗？

“嗯？”修一重复了司机刚才说的话，“你刚才说的是‘大部分人’，对不对？”

司机从后视镜中看着修一的脸笑了起来，但并不是令人不快的笑容。

“你连细节都注意到了。”

“别调侃我了。做目前的工作，公司严格要求我们一定要敏感注意这种文字的细节，否则之后会有很多麻烦。你刚才说‘即使是这样的人，大部分……’，这代表你承认并不是每个人都这样。”

“嗯，请你不要这么激动。实际上是有的哦！不过虽然真的存在，但没有绝对。”

“啊，你在说什么？”修一顿时感到火冒三丈。

“你看，你马上就不高兴了。”司机不慌不忙，笑着劝导修一。

“你曾经遇到谁，听到你说‘真的存在，但没有绝对’这句话，会点头称是吗？任何人都会说，听不懂你这句话的意思。”

司机“扑哧”一声笑了起来。

“的确是这样。”

“一点都不好笑。我相信你说的话，甚至做了自己平时不会做的事，像傻瓜一样整天保持好心情……”

"买了吉他，每天晚上都练习？"

"就是啊，你把我当傻瓜吗？"

"因为你很容易生气，所以我想搞笑一下。"

"我怎么可能笑得出来？你好好向我解释清楚。"

司机握着方向盘，耸了耸肩："我知道啦，但我原本就觉得差不多该告诉你那件事了，所以也刚好。"

"那件事是什么事？"

"冈田先生，你有没有想过，我为什么会出现在你面前？"

"啊？"修一答不上来。

"我的工作是把客人带去可以发现运气的转机、改变他人生的地方，而且在收费表归零之前可以一直搭乘，你不觉得这个服务很惊人吗？"

"……"

听司机这么说，修一发现的确是这样。光是可以免费搭好几万日元车费的出租车，就必须感谢他了，但自己非但没有感谢他，反而对他发脾气。修一觉得自己会遭到报应，自己的态度简直就像只想到自己的小孩子，于是怒气一下子消除了，为自己的行为感到无地自容，后背感到发烫。

"不，其实我真的很感谢你……"

"是哦，所以你有感谢的想法。太好了，但是你有没有想过，为什么自己会成为乘客？”

“……”

修一默默摇头。因为不知道司机有没有从后视镜中看到自己摇头，于是只能小声回答说：“不……我没有。”

“那就请你思考一下，你认为我为什么会找上你？”

“这是……”

修一原本想说“因为我运气好，所以被选中了”，但最后没有说出口。因为这位司机说，运气没有好坏之分，只有使用或是累积，答案当然不可能是“运气好”。难道该说“因为我累积了很多运气，所以被选中”吗？他并不认为自己已经累积了这么多运气，可以遇到这么特别的事。就拿好心情这件事来说，自己的记忆所及，自己有好心情的最后时光是在上小学的时候。上了中学之后，心情差变得理所当然，也渐渐变成“正常状态”，就这样活了超过三十年，所以这种基本态度已经根深蒂固。自己这种人，当然没资格说“累积了很多运气”。

“不知道。”修一据实以告，声音也变得很低沉。

“我为什么会成为你的乘客？”修一坦诚地发问。

荞麦面的味道

“你果然什么都知道，

你是为了阻止我，

才出现在我面前的吗？”

“不，我并不打算阻止你，

我只是必须带你去那家荞麦面店，

完成自己的工作……”

“老公，你该上床睡觉了。”

“嗯？哦哦。”

政史听到民子的提醒，心不在焉地应了一声，继续盯着店里的账簿、存折和许多资料。两年前，他发现店里的营业额逐渐下滑，但完全没有想到这一年来，生意竟然一落千丈。

“修一说，最近增加了打工的时间，那就跟他说，从下个月开始，会少汇一些钱给他。”

政史皱着眉头，用力抿着嘴唇，只说了一句：“不必告诉修一。”然后又继续抱着双臂，注视着账簿。捉襟见肘、左支右绌的事实呈现在眼前。

“还不了钱……”

无论怎么努力，巧妇也难为无米之炊。

还有一年的时间……他在内心计算着今年读大学四年级的儿子修一毕业的时间。

虽然每个月都寄钱给儿子，但并没有寄足够的生活费，让在都市独自生活的儿子可以专心投入学业。如果儿子不打工，恐怕就无法生活。虽然修一最近可能想要更多零用钱，所以增加了打工的时间，但他是大学生，当然需要一些玩乐的零用钱。原本希望他专心读书，不能因为儿子增加了打工的时间，收入增加，就减少寄给他的生活费。这是政史身为父亲的坚持。

他希望儿子修一和自己不同，以后的人生可以更加轻松，所以必须让他读完大学，在大城市找工作。即使政史手头越来越拮据，但这种想法仍然成为他每天努力工作的原动力。

几年之前，银行表示“要贷多少都没问题”，如今的态度却一百八十度大转弯，表示很难发放贷款。更何况以政史目前的年龄和这几年店里的生意状况，很难向银行申请贷款作为周转资金，再加上泡沫经济从两年前开始崩溃，经济不景气导致银行变得更加谨慎，也对政史的生活造成了实际的影响。

只要拉长还款期限，做好经营这家店到高龄的心理准备，或许有办法借到钱，只不过在银行说“要贷多少都没问题”的时代借的钱还没有还清，所以当然不可能申请到新的贷款。

现在回想起来，有点搞不懂自己当初为什么借那么多钱，但政史内心的确有“向银行贷款时会审核，最后同意贷款，就代表认定我有还款能力”这种毫无根据的常识。如今，商店街的地价也持续下滑，即使连同店面把房子卖了，仍然无法偿还所有的贷款。

“即使苦日子来临，也只能勒紧裤带撑过去。”

虽然他已经有了结论，但该省的都已经省了。最近变卖的是高尔夫球场的会员证。原本深信是会持续升值的资产，当初购买时花了一大笔钱的高尔夫球场会员证，在脱手的时候，价格竟然少了一个零。

无论是商店街的荒废，还是高尔夫球场会员证的价格暴跌，都完全出乎商店老板政史的意料。政史从放在桌上成堆的资料中，找出一个信封拿在手上。那是一份寿险保单。

这份寿险在修一出生前就加入了，随着政史年纪增长，理赔金也逐渐升值。当然，随着修一的成长，不再需要大笔身故保险金，所以都会定期检视保单，但政史一直认为在修一大学毕业之前都需要以防万一，多年来持续缴保费。当然不仅是这个原因，他不希望自己生病需要治疗时，成为家人的负担，剥夺修一的未来。他希望无论如何都要避免这种情况发生。

政史注视着保单。

“如果你昨天告诉我，我就可以为你准备便当了。”民子对背朝她坐在脱鞋处绑鞋带的政史说。

“不用了，我会在路上找东西吃。”政史说完站了起来，背起了背包。

修一小时候，政史经常带他一起去爬山，今天政史也穿了当时买的登山服和鞋子，然后看着民子的脸，露出了温柔的微笑。

因为太突然了，民子大吃一惊，但仍对政史露出了笑容：

“你几点回来？”

“不知道，很久没有爬山了，看体力再决定。”

“不要太勉强了。”

“好……那我出门了。”

政史说完，就出了门。政史出门时很少会对民子露出笑容，所以民子在关上门之后，忍不住独自笑了起来。

“他突然哪根筋不对了？”

民子自言自语说完，走去厨房为自己准备早餐。现在才清晨六点。

“那就从这里开始走……”

今天是自家商店公休的日子，政史回头看向拉下铁卷门的店，然后转身迈开步伐。当他走出拱顶商店街，准备沿着大路走向车站时，一辆出租车从右侧驶来，停在他面前，打开了后座的门。

政史和坐在驾驶座上的司机四目相对，静静地告诉司机："我不搭车。"

"请你上车，车费已经付了。"

政史听到司机这么说，且被他亲切的笑容吸引，坐进了后座。

"你说已经付了车费，这是怎么回事？"

政史原本想问司机这个问题，但他觉得不必拘泥于这种小事。既然司机要自己上车，那就搭司机的车。

"今天就这么做。"这是政史唯一的感想。

出租车司机没有问政史要去哪里，就把车子开了出去。

政史始终不发一语，听着司机说话。听了一阵子后，就发现司机说的事都很不可思议，都是用常识难以想象的事，但政史并没有产生疑问，也不打算问清楚。事实上，政史并没有仔细听司机说话，看到原本计费表上从"100000"开始的数字变成了"98820"时，才用没有感情的声音表达了感想：

"你的工作真特别。"

出租车沿着河边的道路逆流而行，显示正驶向山的方向。政史并没有告诉司机自己的目的地，但司机可能从自己的打扮，猜想自己要去爬山。车子离河对岸的山越来越近，政史知道已经来到山里。差不多该下车了。

"可不可以在前面停，我要下车。"

在政史对司机说这句话的同时，司机打了方向灯，从河边的道路向右转。

“咦，你要去哪里？”政史问，但司机没有回答。不一会儿，来到一栋挂了好几面细长形旗帜的老旧民宅前。

司机转过头，面带笑容地说：“这家店的荞麦面是天下一绝，你不去吃一碗吗？”

政史苦笑着摇了摇头说：“谢谢你带我来这里，但我现在不吃，可以请你开车吗？”

“不行。”司机断然拒绝。

“不行？”

“对，不行。即使没有明天，我也希望你吃这里的荞麦面，作为你的最后一餐。”

政史瞪大了眼睛。这个司机似乎有特异功能，政史根本没有开口，也知道他在想什么。政史板着脸，看着转头看着自己的司机。

年轻的司机即使看了他脸上的表情，也没有胆怯，继续说了下去：

“等一下你去哪里都没有关系，但是在此之前，请你吃一碗这家店的荞麦面。”

“我为什么一定要在这里吃荞麦面？”

政史凭直觉知道，眼前的司机知道自己等一下打算做什么。他内心慌乱，说话的声音也有点紧张。

“因为今天是良藏先生的忌日。”

“你说什么？”政史忍不住倒吸了一口气，“你……你为什么知道这种事？”

政史难掩内心的慌乱问道，但司机没有回答他的问题。

“昭和十九年（1944年）七月七日，是你的父亲良藏先生的忌日，你那时候才一岁，所以并不知道你出生时，良藏先生多么欣喜若狂，也不知道他多么疼爱你，更完全不记得他的长相。你或许已经忘了他，但是良藏先生，也就是你的父亲很爱你。祈祷你未来可以得到幸福。”

政史在成长的过程中，几乎没有听说过任何关于亲生父亲的事。他所认识的父亲是母亲再婚的对象，继父也有一个孩子，所以政史有一个父母都不同的弟弟，和母亲与再婚对象所生下的妹妹，他在这样的家庭环境中长大。在他懂事之后，母亲向他说明了家庭的状况，虽然他还是孩子，但觉得不能提亲生父亲的事，所以从来没有向母亲打听过亲生父亲的事。

他从母亲口中得知自己的父亲名叫“良藏”，而且很早就过世了。

“清晨六点十二分，也就是你刚才坐上车子的时间。

“当时，一名同伴对你的父亲良藏先生说：‘真想最后吃一次赤福饼。’那名同伴是伊势人，从小就很爱吃赤福饼。他很希望能够在死之前，和别人分享赤福饼的美味。于是良藏先生和他分享了荞麦面。他说自己老家的荞麦面是绝品。好吃的秘诀就是那里的水质很好，他认为应该比任何地方的荞麦面都好吃。那名同伴听了良藏先生的话后说：‘你一定也很想再吃一次家乡的荞麦面。’没想到你的父亲摇了摇头，笑着说：‘我儿子刚出生，他会吃到那些荞麦面。’

“……”

政史张着嘴巴听司机说这些话，泪水从忘了眨的双眼中流了下来。

“你想知道更详细的情况吗？”

政史全神贯注地听司机说话，完全忘了附和，这时才终于回过神回答说：

“好，请你告诉我。”

政史从座椅上探出身体，凑到司机面前。

“那我们进面店再说，我们边吃边聊。”司机说完，打开了后座的门。

政史擦了擦眼泪，下了车。

政史目不转睛地注视着送到他面前的荞麦面。

竹编面盘上的白色荞麦面晶莹发亮，一看就知道刚用水冲洗过。

“挨饿受冻。”

政史小时候，经常听到这句话。

他想起母亲曾经说：“我这么努力，就是避免你们挨饿受冻。”

但是，在他中学毕业时，从来不曾有过挨饿受冻的经历，渐渐过着想吃什么就吃什么、想吃的时候就可以开怀大吃的生活。良藏奉献了生命，唯一的心愿就是儿子能健康成长。

政史这时才终于知道，或许就是因为良藏的这种心愿，让他回顾以往的人生时，发现从来不曾有过挨饿受冻的经历。

“冈田先生，趁美味时赶快吃。”司机催促着政史动筷子。

“哦……好。”

政史注视着荞麦面，从司机手上接过筷子，在脸前合起双手，缓缓低下头，好像在对着荞麦面祭拜一样。

“我开动了。”

夹起荞麦面的筷子颤抖着。他努力控制颤抖的手，想把荞麦面放进蘸酱中，但泪水却夺眶而出。

“不行，等我一下。”

说完，他放下筷子，一只手捂住了脸。司机拿出手帕递给政史。

“你还好吗？”

“对不起，这就是我父亲无论如何都希望我吃到的荞麦面吧？”

“对，没错，这家店历史很悠久，良藏先生也很喜欢这家店的荞麦面。”

“我在迄今为止的人生中，一直以为大口吃着喜欢的食物是理所当然的事。但是想到我父亲……至少希望他可以吃到这碗面……”政史泣不成声，断断续续说道。

“我能够理解你的心情，正因为这样，所以希望你好好品尝。”

政史没有说话，频频用力点头，然后吸了吸鼻子，再度拿起了筷子。虽然手还在发抖，但这次夹了比刚才更多的荞麦面，蘸了蘸酱后，大口吃了起来。

政史在嘴里咀嚼着，一连点了好几次头。他无声地哭泣，眼泪不停地流下来。过了一会儿，他把嘴里的面吞了下去，却无法停止点头。

“……”

一定是在和他的父亲说话吧。司机没有说话，然后迅速吃完自己的面说：“我在车上等你。”说完，他就站了起来。政史对司机笑了笑。

一个小时后，政史才再次坐上等在面店外的出租车。

他可能在内心和良藏好好聊了一番，眼睛哭得又红又肿，但脸上的表情却神清气爽。他上车时露出爽朗的笑容，好像摆脱了附身的邪灵一般。

司机默默关上车门，把车子开了出去，沿着河边的山路开了回去。政史不发一语，司机说他知道该去哪里。政史不知道司机要带他去哪里，但知道不是去山上。

政史也没有对司机说要去山上。出租车开了一段路后，政史问司机：

“司机先生，请问你知道我今天想去山上的原因吗？”

“我知道，你想去山上故意失足。”

政史笑了起来：“你果然什么都知道，你是为了阻止我，才出现在我面前的吗？”

“不，我并不打算阻止你，我只是必须带你去那家荞麦面店，完成自己的工作……”

“这样啊，真是太感谢了。多亏了你，我下定了决心。虽然我怪东怪西，但其实就是自己在不知不觉中习惯了奢侈的生活，失去了活下去的动力，或者说是生命力。”

“……”

司机没有回答，对着后视镜露出了笑容。政史诉说起自己的身世。

“不久之前，我的人生真的一帆风顺。虽然小时候很穷，但随着战后的复兴，家里开的店生意兴隆。当我长大之后继承这家店时，建了商店街，而且更幸运的是，我的店刚好就在商店街正中央最理想的位置。即使不特别做任何事，也可以闭着眼睛赚大钱，生活富足奢侈，完全和挨饿受冻无缘。每天晚上去酒店喝酒，假日就和商店街的其他老板一起去打高尔夫球。

“生意好的时候，可以不断向银行申请贷款，然后用这些钱重新装潢店面，营业额又大幅上升……我完全不用担心以后的事。回想起小时候的生活，觉得自己真的生在一个幸运的时代。久而久之，就觉得这样的生活理所当然。

“没想到这一两年，形势突然发生了变化。商店街的人越来越少，很多老板因为生意不好和年纪大了，纷纷歇业。虽然也可以把店面出租，但因为店面的后方和二楼是我们的生活空间，所以没办法出租给别人。商店街在转眼之间就没落了，当我开始觉得形势不妙时，已经无可挽回了。生意都被大型购物中心抢走，无论做任何事，都无法再吸引人潮。我当时还在想，为什么偏偏让我遇上这种事？觉得自己很倒霉。

“但是，今天吃完荞麦面，我独自在面店思考。也许之前生意直线上升时，并不是我运气好，而是我使用了别人累积已久却没有使用的运气。

“我的亲生父亲从出生到死，从来没有经历过我曾经遇到的那些认为‘运气好’的事，他的人生就这样结束了。不光是我的父亲，那个时代的人都差不多，我们使用了他们为我们累积的运气活到今天，然后这些运气差不多快用完了……我有这种感觉。

“我相信你也是出于这个原因，才会出现在我面前。并不是我之前所做的事把你吸引到我面前，而是因为我父亲的功德。你看，现在我也是靠我父亲累积的运气在吸引幸福……我没说错吧？”政史从后视镜中看着司机。

司机只是笑了笑，并没有说什么。

“这么一想，就觉得不能轻易放弃生命。因为这样就变成花光了前一个世代的人累积的运气，就离开了这个世界。虽然我不知道自己还能活几年，但必须努力为下一个世代累积运气。我看着那碗荞麦面，觉得我父亲像在这么对我说。”

“这样啊……”

司机回答后，出租车停了下来。

“目的地到了，这就是你目前该来的地方。”

政史看向车窗外。眼前是一家五金行，以前从来没有见过这家店。

他看向计费表，发现上面的数字是“71450”。虽然刚才没有认真听司机说，但似乎在计费表归零之前，都可以一直搭乘。

“我可以问一个问题吗？”政史问。

“可以啊……”

“你刚才说，在计费表归零之前，你会一直出现在我面前，对吗？”

“对，没错。”

“原来是这样，你还说‘车费已经付了’，当然不是我付的，而且我相信车费并不是钱。虽然我不是很清楚，但我猜想有人做了累积运气的行为，没错，我猜想是我父亲，就像这个一样。”

政史从皮夹里拿出自己店里的集点卡，出示在司机面前。

“因为有人一直累积，但没有使用，所以可以集到这么多点。而我并没有累积任何运气，只是一直在使用。是不是这样？”

司机和刚才一样，只是面带微笑。

“我可以把这个计费表上的 71450 日元的车费转让给别人吗？”

“你不使用吗？”

“对，因为我觉得不应该一直使用别人累积的运气，我打算从今天开始，改变自己的生活方式，为下一个世代累积运气。”

“……我了解了，那么剩下的点数可以用在下一代的某个人身上。”

“你愿意帮这个忙吗？谢谢。”

政史说完，伸出了手，想要和司机握手。司机握住了他的手。

政史依依不舍地松开手，司机打开了后座的门。正当打算下车的瞬间，政史好像想起了什么转头看着司机。

“可以请教你另一个问题吗？要怎样累积运气？”

政史在下车前问了这个问题。

绵延不绝的生命故事

人生在世，

无论发生任何事，

都要把发生的事变成自己人生中必要的经验，

所以无论任何事，

都可以变成正面的事。

相反，也可以把所有的事都变成负面的事。

出租车司机说的话太震撼，修一说不出话。

修一的祖父名叫一宪，很疼爱他，向来都是无条件地支持他。无论修一做任何事，祖父总是用一脸温柔的笑容守护着他。修一中学一年级时，祖父去世了。虽然祖父和他并没有血缘关系，但修一内心认定他就是自己的祖父。

祖母曾经告诉他："其实你有一个亲爷爷，但在你爸爸一岁的时候去世了。"而且也曾经给他看过照片，只不过他觉得"我的爷爷就是眼前的爷爷"，从来没有认真考虑过亲生爷爷的事。也许是因为他觉得会对不起很疼爱自己的爷爷，所以内心不愿意承认有亲生爷爷的事实。他今天第一次得知亲生祖父的名字叫"良藏"。

没想到良藏突然在修一的脑海中有了明确的轮廓和人格。他立刻为迄今为止的四十五年期间，从来没有想到良藏，就这样浑浑噩噩活到今天而产生了罪恶感，有一种窒息的感觉。

“良藏先生的人生很不幸，从他出生到死去的那一刻一直都很不幸。虽然当时就是那样的时代，良藏先生在那样的社会环境中，随时都保持着好心情。在得知生命即将迎接最后一刻的前一天晚上，仍然笑容以对。

“他就这样走完了在现代人的价值观中，认为和好运无缘的二十六年的短暂人生。”

修一低吟着，抱着双臂，听着司机说话。原本总觉得祖父应该年纪很大，没想到祖父去世时才二十六岁，比现在的自己还年轻很多岁，让他有一种不可思议的感觉。

“你现在了解我刚才说的‘虽然实际存在，但没有绝对’这句话的意思了吗？像你的祖父良藏先生那样，为了别人奉献自己的一生，努力保持好心情过日子，但还没有迎接到可以改善运气的转机，生命就走到了终点，所以我说‘实际存在’。但我又说‘没有绝对’，是因为他们累积了运气，所以下一个世代得到了很多幸运。你也一样，受到他们累积的运气所带来的恩惠，才能够有今天。”

司机一口气说完后，停顿了一下，观察修一的表情。

修一沉默片刻后开了口：“你的意思是……因为我父亲把计费表上的那些点数留给了我，所以你才会出现在我面前吗？”

"没错。"司机点了点头。

"而且这是我爷爷把用生命累积的运气交给我父亲，然后再传到我手上的吗？你要我相信你说的这些话？"

司机摇了摇头说：

"你似乎还不是很了解努力的结果会表现在哪些方面，你听我说，不妨想象一下，你女儿梦果明年就要考高中。目前整天不去学校，过着只有手机是好朋友的生活，但假设她因为某个契机开始去学校，然后就像脱胎换骨般开始用功读书。"

"是怎样的契机？"

"不知道。我只是打比方，她的改变让你这个当父亲的也瞠目结舌，想象她平时在家的时候，几乎随时都在用功读书。如果你看到女儿这么努力，你会有何感想？八成会感动不已，不光会产生感动，而且还会觉得自己也要努力。"

"嗯……我想应该是。"

"你会像平时一样工作，却迟迟无法签到保单。当你决定今天就先到此为止，准备回家时，想起了女儿努力用功的样子，于是你就产生'再稍微努力一下'的念头，结果在上门拜访客户时，可能会签到保单。在这种情况下，是不是可以说你因为梦果的努力而得到了幸福？

"你的人生因此开始渐渐改变，除了你，梦果的同学中，当有人知道‘梦果和以前不一样了’，也开始觉得‘我也该用功读书了’。然后那个同学的家长看到孩子用功之后，也产生了和你相同的感动，决定也要努力工作。一个人努力、投入的身影，具有为他人带来幸福的力量。”

也许是这样。如果看到女儿梦果专心投入某一件事努力不懈，内心似乎就可以涌现无限动力。

“但是，如果梦果认为‘努力根本没有意义’‘即使努力，也未必能够获得回报’呢？”

“这……”

“当然会有这种可能性。因为这两年来，她完全荒废了学业。虽然因为某个契机，好像发了疯似的开始用功，但即使再怎么苦读，也未必会有理想的结果。于是她开始怀疑‘是不是努力也没有意义’，然后自以为是地认为‘努力不一定能够获得回报’。如果她产生这种想法，你该怎么办？”

“我会告诉她，没这回事，还会告诉她，她的努力带给我勇气，因此带来了怎样的结果；还会告诉她，那并不是努力无法获得回报，而是没有这么快就显现结果，不要轻言放弃，要咬牙克服这个难关。因为她必须追回两年的进度，这绝对要付出很大的努力……”

司机笑了起来。

“干吗？”

“原来你都知道。”

“知道什么？”

“知道努力一定会获得回报。你知道刚才的故事中，梦果就代表了你，你代表了政史先生吗？”

“什么意思？”

“就是字面上的意思。在你准备考大学的时候，你的父亲看到你努力的身影，好几次都下定决心要努力，也因此感受到很多幸福。但是，你认为‘努力无法获得回报’，话说回来，这也是理所当然的事。因为你考大学时非但没有考上第一志愿，只是勉强挤进了保底的学校，还出于这个原因，和当时的女朋友分了手，你会觉得‘努力并不一定能够获得回报’很正常。如果你父亲知道你有这种想法，应该会对你说你刚才打算对你女儿说的那些话。”

“这……”

“你父亲完全没有想到你竟然会有那样的想法，如果他知道，一定会告诉你，因为你的努力，他才会坚持不懈。但是，请你不要责备你父亲，因为你自己也没有想到，梦果可能会有这样的想法。”

“那……”修一无言以对。

“事实上，整个社会就是由那些努力的人所带来动力的聚集体，并不是因为结果带来了动力的聚集体。大家都是看到别人的努力，比方说看到女儿努力的身影，下定决心‘我也要努力’，产生了克服困难的动力。这些大人带着这份动力投入工作，所以社会就能够进步，并不是看到女儿努力的结果而产生动力。”

“嗯，的确是这样。”

“这个世界上的所有人都是看到别人努力的身影，而激发自己的动力，但自己努力的时候，无论在判断运气还是成果的时候，都只针对现在的自己所处的这个很狭小的世界和很短暂的期间进行判断，然后轻易得出运气不好、努力无法获得回报的结论。但实际上自己目前付出的努力，往往要到很久以后才会出现成果，比普通人所想的时间更久，有时候会是十年之后，甚至一百年……”

“一百年吗？”

“对啊，而且成果并不一定会呈现在自己身上，有可能会呈现在自己身边重要的人，或是下一个世代身上，于是有些人就因为自己付出了努力或是奋斗，没有立刻在自己身上发生好事，就嚷嚷着自己‘运气不好’‘努力无法获得回报’，这未免太执着于‘现在马上、只有自己’了，不知道自己的人生只是绵延不绝的生命故事中的一小部分而已。”

“绵延不绝的生命故事……”修一重复了司机的话。

“如果认为人的一生就是属于自己个人故事的完结，充分运用与生俱来的条件，尽可能满足自己的欲望，或许就算是理想的人生，但实际上人的一生是绵延不绝的生命故事中极小的一部分而已。你的生命是良藏先生和政史先生的延续，而且会传承给梦果。但是，下一个世代继承的并非只是生命而已，你在别人打造的社会中出生、成长，打造那个社会的是无数个良藏先生和无数个政史先生。如果认为自己出生在一个美好的时代，或许会认为是因为自己运气好才能够生活在这个时代，但这个幸运而富裕的时代并不是突然从哪里冒出来的，而是无数人通过努力建立了这样的时代。生活在不同时代的人都是绵延不绝的生命故事中极小的一部分，生活在每一个时代的人都努力完成自己的使命，所以下一个世代的人才能够在比上一个世代更‘美好的时代’中出生、成长。如今，你接过了这个生命故事的接力棒，生活在这个时代。”

修一回顾了自己迄今为止的人生。司机说的每一句话都打动了他的心。

对修一来说，在他还小的时候，大人都鼓励小孩“无论自己想做什么，都可以实现”，他们是第一代人人都可以上大学的时代。在学生时代，为了考上大学，必须刻苦用功，参加竞争率超过十倍的大学入学考试，甚至对“联考战争”这几个字心生怨恨。

“为什么必须这么用功读书？”

他当时经常诅咒自己生在这样的时代。等他长大之后，觉得在自己的人生中，从来没有体会过什么是“景气”。虽然每天都为将来的幸福努力，却从来没有得到过对未来的安心和安定，就这样浑浑噩噩活到了这个年纪。包括他在内，他周围那些为人父母的同世代的人，都经常说“现在的孩子都很可怜”。

短短四十年，就发生了如此巨大的变化。

但是，出租车司机的一番话点醒了他。就在这个瞬间，有新生命诞生。那个孩子一无所知地降临在这个社会，现在这个社会是谁打造的？

“没错，就是我们。”修一深信这件事。

以前他从来没有想过，自己也是打造目前社会的一分子。虽然不知道是政治人物，还是有人拥有庞大的权力，支配了这个社会，但总之，他一直认为是那些人把社会变成了目前的样子，而且对此深信不疑。正因为这样，所以经常满不在乎地批判当前的社会。然而，既然是自己打造的社会，就无法批判……甚至觉得很对不起在此刻降临人世的婴儿。

为什么会有这样的心境变化？他也不知道。如果硬要找原因，也许是之前并不知道自己出生之前的事，所以不曾产生过这样的想法。

从出生的时候开始，就已经确定了人生目标。尽可能赚得更多，尽可能拥有更多的幸福。因为大人告诉他，那就是幸福，他也一直深信如此。但是自己的世代在绵延不绝的生命故事中，只是一小部分而已，如果自己这个世代的人能够赚取更多，是消耗迄今为止所有世代累积的运气才得到的幸福的话，这样真的能够为此发自内心地感到高兴吗？真的该追求个人的幸福吗？

修一整理头绪后，用力叹了一口气。

“我以前可能错了。”他小声地说，“我生活在这个时代，一直以为五子登科的人才是成功人士，一无所有的人很失败，所以我从小的目标就是成为成功人士，也就是立志‘要成为比别人更富有的人’。我认为这是理所当然的，从来没有怀疑过，但也许我不该追求这样的幸福。”

“当想到我们都只是延续不断的生命故事中极小的一部分，就变成所有人都觉得不充分使用前人累积的运气和自己累积的运气，那就是吃了大亏，认为这是自己理所当然拥有的权利，把前人累积的运气全都用光光，一丁点都不剩下。然后下一个世代的人就会说‘出生在这样的时代真可怜’，是不是这样？”

修一向司机确认："是这样吗……？"

原本以为司机会同意自己的意见，没想到司机的反应出乎意料。

"不是这样吗？"

"我忘了那句话要怎么说，之前但其实是十五年前，另一名乘客告诉我一句话。是一个新的概念，我想起来了，是'正向思考'！可以运用正向思考。"

"正向思考？"修一说话的声音也变尖了，"怎么可能正向思考？"修一自嘲地笑了笑。

"为什么？"

"因为我向来不擅长正向思考。"

他知道正向思考对人生有帮助。不，他认为自己知道。虽然认为自己知道，但自己总是陷入负面思考。

要正向思考，虽然他想要这么做，却不觉得自己有办法做到。可能自己骨子里就是一个负面思考的人，在思考未来时，他很少觉得会有好事持续发生，反而更常觉得情况会越来越差。

事情怎么可能这么顺利？万一发生这种情况怎么办？万一发生那种情况怎么办？

一旦开始思考，就会越来越陷入负面循环，最后甚至失去行动的动力。因为从事业务工作的关系，经常必须上门推销，但几乎每次的结果都是"看吧，我就知道不行”，事先认为“应该不会成功”的预测十之八九都中了。

信奉正向思考的人，会认为缺乏正向思考才会造成这样的结果。但是即使事先努力告诉自己“这次可能会成功”，上门推销后仍然无功而返。经历多次之后，便很难再相信正向思考。

“迄今为止四十多年，我的人生都不如意。只因为别人说正向思考很重要，就觉得‘原来是这样’而改变自己的想法，整天只想正面的事，就真的能够否极泰来吗？果真如此的话，也不适合我，因为我无论如何都无法发自内心这么想。”

“当然啊，因为这根本不是正向思考。”

“什么？！”修一忍不住发出惊讶的声音。

“你想一想。在事情发生的当下，任何人都不知道会对自己的人生有正面意义还是负面影响，人生在世，无论发生任何事，都要把发生的事变成自己人生中必要的经验，所以无论任何事，都可以变成正面的事。相反，也可以把所有的事都变成负面的事。正向思考并不是想象对自己有利的事，然后就真的发生。真正的正向思考，是无论自己的人生发生任何事，都认为是对自己的人生而言，无论如何都必须体会的重要经验。”

“你的意思是，并不是针对之后将发生的事，而是对已经发生的事进行正向思考吗？”

修一想起几天前，大量保单遭到解约的事。

“要认为那件事是因为我的人生需要，所以才会发生的重要经验吗？”

他在内心自问，然后摇了摇头。目前的自己根本不可能从那件事中找到正面的意义。这也是理所当然的事，因为经历了这么痛苦的体验，当然不可能庆幸发生了那件事。

“我没办法这么想，看来我还是不适合正向思考。”

司机露出了微笑：

“在我们的人生中，会发生很多重大失败、意外的不幸，或是突如其来的大灾害等这些在当下很难认为‘这对未来的自己有正面帮助’的事。在发生的瞬间，无法产生这样的想法是理所当然的事，但是，有朝一日，就会产生这种想法。但是我刚才想要表达的是，可以用另一种方式解释正向思考。”

“另一种方式解释正向思考吗？”

“对，我刚才不是提到，我们的人生是绵延不绝的生命故事的一部分吗？”

“对。”

“当你出现在这个故事中，也就是你出生的时候，就已经有了迄今为止的故事所创造的恩惠了，不是吗？”

“是啊。”

“然后你诞生了，活了一百年后死了，当你死的时候，努力留下比你出现在这个生命故事中时更多的恩惠才离开。也就是说，因为你曾经活在这个世界，这个世界变得稍微正向了。难道你不认为这才是真正的正向思考吗？”

“你的意思是说，累积的运气比使用的运气更多吗？”

“没错，这不就是正向吗？我认为这是成为绵延不绝的生命故事的一部分，活在这个时代的人的‘使命’。”

“我的使命？”

“冈田先生，你刚才说‘不可以追求这样的幸福’，但我认为没必要这么清心寡欲，即使追求富足的人生也很好，只要生活方式能够累积更多的运气就好。在整个人生中，只要累积的运气超过使用的运气，人生就出色地完成了自己的使命，而且以总数来说，不就是正向吗？”

“的确……”

“追求努力累积更多运气的生活方式，然后只使用自己累积运气的一半，即使这样，仍然能够比别人获得更多。我认为这样的生活方式才是真正的正向思考。”

董事长胁屋挂在办公室墙壁上的那句话闪闪发亮，

浮现在他脑海。

“正向思考，笑得比别人更开心的生活方式！”

“没错没错，你说对了，要让每个人都觉得，那个人的运气比任何人都好。但是当事人知道，自己只使用了累积运气中的一小部分而已。这样的生活方式不是很潇洒吗？”

修一感到眼前突然晴朗灿烂起来，全身都起了鸡皮疙瘩。

这种价值观和之前所认为的正向思考完全不同。为下一个世代所累积的运气超过自己所使用的运气，如果这样的生活方式是真正的正向思考，他完全可以接受这种思考方式，也希望自己能够如此，过这样的生活方式。

这种价值观和目前的常识完全不同，从利害得失的角度来说，等于是要求人生加加减减，最后是吃亏的状况，和自己的付出相比，尽可能减少自己能够得到的。

即使如此，仍然有满满的收获。

但是，这番话深深吸引了修一，他发现自己内心深处渴望这样的生活方式。这不是在唱高调，而是情感，不，或许该说是灵魂在命令自己“用这种方式生活”。最好的证明，就是他全身都起了鸡皮疙瘩。

“其实我不太喜欢‘正向思考’这几个字，但也许是因为我并没有真正理解这句话的意思。”修一深有感慨地说。

“我不知道这是不是真正的意思，因为即使是同一句话，每个人的定义都不一样。”

“原来如此，也许是这样。”

修一发现今天比平时搭了更久的出租车，看向计费表，上面的数字显示“39330”。他看向车窗外的风景，发现是熟悉的景象。

修一已经知道最后的目的地会在哪里。

“没错，这是最后一次了。”

他在听司机说话时暗自决定。司机似乎在说政史的事时，就猜到了修一会这么做，所以默默开着车，似乎正在充分体会和修一相处的最后时光。

最后一堂课

接下来就请你自行思考，

我相信你一定会认为自己是天底下最幸福的人。

到时候，

你就会对自己产生自信，

也会发自内心相信自己可以发挥作用。

“我问你，”修一看着窗外问司机，“是不是快到目的地了？”

司机笑了笑：“你果然知道。”

“是啊，但我有一件事想拜托你。”

“我大概能猜到是什么事，但还是想听你亲口说。”

修一觉得司机说话的方式很惹人生气，但还是很自然地露出了笑容。

“我就知道你会猜到，没错，你不必再来我这里了，把计费表剩下的——”

修一原本想说“留给我女儿”，但最后把话吞了下去，因为这种想法太一厢情愿了。应该由司机决定要去载谁。

“可以留给下一代吗？”

司机点了一下头。

“我了解了，所以我们马上要说再见了。”

司机说完，按下了计费表。数字停在 38640 上。

"喂喂喂，你把计费表按停没问题吗？"

"没问题，我就当提供一点小优惠。"

"是吗？谢谢你。我最后还想问一个问题，其实我这个人完全没有自信。"

修一一改刚才的态度，用温柔的语气说了起来。他不像在和比自己年轻的司机说话，更像变成了小孩子，在向良藏或是政史请教答案似的。

"在任何竞争中，我都不曾赢过，和别人相比，也没有任何优秀的才华。从小到大，即使自认为很努力，也从来没有因为获得好成绩而受到称赞，但又缺乏毅力，无法成为一个比别人更努力的人。

"到了这把年纪，说起来有点惭愧，但我认为自己并不适合目前的工作。因为业绩迟迟不见起色，好不容易签到的保单，客户也一下子就退保了。每天都遇到这种事，当然不可能继续想做这份工作，但是，自己到底适合什么工作……即使思考这个问题时，也完全想不到任何答案。虽然身为中学生的父亲，经常摆出父亲的架势，要女儿好好读书，但其实对育儿也没有自信。

"看到女儿开始拒学，就怀疑自己迄今为止做的一切都是错的。目前工作遇到瓶颈，虽然觉得必须设法解决，努力在苦撑，但其实我失去了所有的自信，整个人仿佛要崩溃了……你认为即使是这样的我，也能够成为绵延不绝的生命故事中的一小部分，发挥什么作用吗？”

修一坦诚地说出了内心真实的想法。他可能无法对其他任何人说这种话，但觉得可以向这位司机说出心声，而且在决定以后不会再和司机见面时，无论如何都想问这个问题。司机露出灿烂的笑容，毫不犹豫地回答：

“当然可以，而且是只有你才能发挥的作用。你之前就已经发挥了这样的作用，以后也会持续发挥。”

“是吗？既然你这么说，那应该就是这样，但我很没有自信，到底该怎么办？”

“首先，停止和别人比较。放弃和别人的人生进行比较，专注于自己的人生。每个人都会活出自己的人生，发挥自己的作用，所以即使别人看起来很富足，看起来一帆风顺，也和自己无关。充分注视自己的人生更重要，于是你就会知道，自己有多么幸福，要先用心发现自己有多幸福，这是一切的起点。只要真心发现这件事，就会开始觉得自己比别人更幸福。”

“发现自己很幸福吗？听你刚才说了之后，我知道自己很幸福，但要发自内心这么认为，恐怕有点困难。”

“嗯，因为你在工作上遭遇了很多的挫折，这也情有可原。”

“你真是哪壶不开提哪壶啊！”

“嘿嘿嘿！”

司机调皮地笑了起来。

“冈田先生，你今天早上吃了什么？”

“啊，为什么突然问这个？两者有什么关系吗？”

“你先别问这么多，请你回答我，你吃了什么？”

“今天早上和平时一样，吃了白饭和味噌汤，还有纳豆。对了，还吃了蛋和香肠。”

“如果我说为了准备你今天的早餐，不，光是准备你早餐吃的那一碗饭，就需要整个宇宙的力量，你能够接受吗？”

“整个宇宙？”

“没错。虽然听起来很夸张，但这是事实。比方说，你知道米是怎么来的吗？”

“把稻子种在农田里种出来的。”

“没错，所以必须有农田，以及种田的人，才能够种出稻米。即使有人种田，如果没有机器，就无法让世界上这么多人都丰衣足食，所以就需要耕耘机。但是必须有人开发相关技术，做出模具，才有办法制造耕耘机。而且制造耕耘机的材料铜、铁、铝等金属，以及制造玻璃的石英，都必须从中国、澳大利亚、非洲等地进口，在当地就需要有人开采这些矿产，然后有人把这些材料运回日本。于是就需要船舶，所以造船业的人也参与其中，还有货运公司。耕耘机、船舶、开采用的重型机械都要用柴油，这些柴油都来自中东国家或是其他国家开采的石油，所以也需要有开采的人员。柴油和汽油是化石燃料，化石来自很久以前的动植物，也就是来自地球上生命诞生至今数十亿年以来绵延不绝的生命。一餐饭所涉及的人和物简直不胜枚举，但因为时间有限，所以就不再列举了。

“总之，在思考每一件事物的关联性后，就会发现一餐饭连接了全世界。但是，即使具备了所有这一切，也无法种出稻米。因为需要阳光，你看，来到宇宙了。只有阳光，稻子也会枯萎，还需要水。只要有充足的水或充分的阳光，就可以种出稻子吗？还是不行，还需要二氧化碳。

“动物呼吸会产生二氧化碳，所以如果我们不呼吸，就无法种出稻子。水和二氧化碳利用了太阳的能量促进了稻米的生长和发育，稻米中含有碳、氢和氧，人类以米为食，转化成生命的能量，也就意味着这些材料构成了人的身体，也成为人的身体顺利运转的零件。你知道这些零件是从何而来吗？”

“这……”

修一当然答不上来。因为司机说的这些内容太宏伟了，从中途开始就必须很费力才能理解司机所说的话。他就像在上课时突然被老师点到名的学生一样手足无措。

“……应该是……地球上有的东西吧？”

“即使是地球上的东西，也并不是一开始就有，而是从其他地方来的。像太阳一样会自己发光的星星，也就是恒星，在生命最后一刻发生超新星爆炸，由散在宇宙整体的物质聚集而成，也就是说，所有的人类都是来自星星。”

司机似乎发现自己说话太快了，停顿了一下，让自己平静下来。

“一餐饭就需要整个宇宙才能完成，需要地球上所有人齐心协力才能完成。一旦了解这一点，就会了解今天能够吃到这一餐是多么幸福。我们每天都理所当然地吃着这些食物，如果无法认为这样的人生很幸福的话，到底认为怎样的人生才算幸福？这样的人，恐怕拥有再多，都不会感到幸福。”

出租车转过最后的街角，修一的老家就在前方两百米处。

“接下来就请你自行思考，我相信你一定会认为自己是天底下最幸福的人。到时候，你就会对自己产生自信，也会发自内心相信自己可以发挥作用。”

出租车停了下来，后座的门打开了。修一没有说话，注视着停车之后转头看着他的司机。他想要说话，却找不到适当的话语。

不知道注视了司机多久，修一终于连续点了好几次头，然后露出笑容。

“司机先生，很抱歉，我刚才和你说话时都一直没大没小，很没礼貌。”

司机摇了摇头：“没关系。”

修一伸出手：“谢谢你，我觉得司机你不是‘运转手’，而是改变我人生的‘转运使者’。”

“转运使者吗？听起来很不错，我考虑以后就用这个名字。”司机握着修一的手，也对他露出了笑容。

“对了！”

司机好像突然想起什么，在副驾驶座上找了一会儿，拿出一个小纸袋包装的东西。

“这个送你。”

“这是什么？”

“一点小心意。”

修一接过后，当场打开了纸袋。里面是一个五厘米大小的黑鲈公仔，大张着嘴巴，身体折成U形。嘴里还有一根钩针，钩针前端的绳子看起来像钓鱼线，就像是刚钓上来的黑鲈。

“这是手机吊饰，是你搭乘本车的纪念品，请你笑纳。”

修一忍不住“扑哧”一声笑了起来。

“通常不是应该送小型出租车的吊饰吗？为什么送黑

鲈？而且我的兴趣也不是钓鱼。”

司机面带笑容：“你别这么说嘛！”

修一也回以微笑。

“好吧，那我就收下了。因为‘要对所有事产生兴趣’嘛。”

修一说完，就迅速下了车。

回头一看，司机立刻关上了后座的门，好像完全没有感到依依不舍的样子。在出租车离开时，司机举起右手，好像在向修一道别。因为看不到司机的表情，所以无法确认，但修一觉得司机举起手的样子和父亲政史一模一样。

“老爸？”

当他闪过这个念头时，出租车已经开走了，他无法确认驾驶者脸上的表情。

目送出租车离去后，修一忍不住觉得刚才搭出租车是一场梦，实际上并没有发生任何事。他注视着手上的黑鲈公仔，用力握紧，想要确认的确发生过这件事。然后，他把公仔放进了口袋，走向玄关，按了门铃。

“来了。”屋内传来民子熟悉的声音。

民子看到修一突然回家一定会很惊讶。修一原本并没有打算回家，所以现在才开始绞尽脑汁思考，要用什么理由说明为什么今天会回老家。

第二人生

他搭乘了神奇的出租车，

和司机聊了很多话，

司机也带他去了很多地方。

这几天的一切也将这样慢慢成为过去。

民子一看到修一，在惊讶的同时，说了一句理所当然的话：

“如果要回来，应该先通知我一下。”

民子似乎觉得修一突然回家，让她感到很困扰，但脸上难掩欣喜的表情。这也在修一的预料之中。因为民子开始独居生活才半年，还没有适应这种生活，也正感到寂寞。

“对不起。”

“你吃饭了吗？”

“不，还没有。”

民子毕竟是母亲，马上就担心儿子会不会肚子饿。修一觉得自己真的回到家了。

“因为我没想到你会回家，所以没有为你准备饭菜，我现在开始做来得及吗？”

“没问题，我不赶时间。”

“你为什么突然回家？”

修一发现民子走在走廊上的背影比记忆中的身影小了一圈。

“我出差到这附近，原本打算直接回东京，但上次你不是在电话中说有什么事要告诉我吗？”

“哦哦，原来是这件事。”

民子说完，走进厨房，立刻打开了冰箱。她似乎打算等一下再聊这件事。

修一没有坐在厨房旁的桌子前，而是走去隔壁客厅，坐在沙发上。修一以前住在家里时就已经有了这张沙发，如今几乎失去了弹性，一坐下去，整个人都埋进了沙发。

坐在沙发上看到的景象和二十多年前几乎一样。

修一看向厨房的方向，发现民子把平底锅放在瓦斯炉上后正在点火。以前向来觉得民子做家事时动作利落，但眼前的民子看起来笨手笨脚，每个动作都很缓慢，好像在看慢动作的影片。他觉得母亲老了。

“要不要我来？”修一问。

“不用，我每天都做习惯了，你去休息一下。”民子很有精神地回答。

修一无所事事，原本想打开电视，但又不想看电视。他环顾室内，想要感受母亲的日常生活，突然想起一件事，从沙发上站了起来。

“对了，妈妈，二十五年前，那时候我还在读大学，爸爸是不是有一天突然说要去爬山？”

民子大吃一惊，停下了手，看着修一的脸说：

“对啊，你怎么会知道这件事？”

“嗯，这不重要，那天爸爸有没有突然买了奇怪的东西回家？”

民子看着正在切菜的手，露出微笑说：

“买了啊。”

“他买了什么？”

“就在卧室你爸的衣柜上面。”

修一走去父母的卧室。三坪[1]大的房间内放了两个衣柜和母亲新买的床。放了三个大型家具后，空间变得很拥挤。以前父亲和母亲都直接在榻榻米上铺被子睡觉，母亲觉得每天把被子搬上搬下太累了，父亲过世后，她便开始睡床。

修一看向有着对开双门的衣柜上方，紫色方巾包起的大包裹露了出来。修一踮起脚，缓缓从衣柜上拿了下来。双手张开才能拿起的板状物上放了好几样工具，他双手抱起后，放在厨房的桌子上。

“我昨天刚好清理了一下，因为如果一直丢在那里，

1　1坪约等于3.3平方米。

万一发霉就麻烦了。”

民子说。修一这才发现方巾上完全没有灰尘，他缓缓打开了方巾的结。

“原来是这样……”修一在心里嘀咕。

里面是做手工荞麦面的工具，而且所有的工具看起来都很有历史感。

“有一天，你爸爸突然说‘我要去爬山’，他差不多有二十年没爬山了，没想到出门后不久就回家了，然后抱着和这些相同的工具回到家。”

原来这些看起来很有历史感的工具经过了不断更换，目前的这套工具不知道是第几代了。

“我没办法把爸爸和做手工荞麦面的形象连在一起。”

“是吗？他做起荞麦面可是有模有样，架势十足。那天之后，每天都练习做手工荞麦面。提到你爸爸，我就会想到荞麦面。”

“这样啊，原来他在打高尔夫球之后，找到了新的乐趣。”

“虽然我不知道他为什么突然想到做荞麦面，但他很投入。”

既然民子不知道，可见政史并没有把良藏的事告诉她。修一从出租车司机口中得知自己的亲祖父良藏的事后，非常能理解政史为什么想做荞麦面。他应该想亲手做出良藏很想吃的“美味荞麦面”，虽然让良藏亲口吃到他做的荞麦面是无法实现的梦，但他一定希望自己学会之后，可以向亲生父亲报告。

“那时候店里的生意越来越差，你爸爸不去打高尔夫球有一段时间了，我当时也以为他找到了新的兴趣，但我想错了。”

“那是怎么回事？”

“不是兴趣，他想成为荞麦面手艺人。”

“荞麦面手艺人？”

“对，因为你爸爸发现，在这个商店街的正中央继续开精品小铺也无法让生意好起来，所以决定开荞麦面店。”

“开荞麦面店？”

“虽说是荞麦面店，但并不是普通的荞麦面店，而是真正美味的荞麦面店。每次都是我试吃你爸做的荞麦面，他每次都会问我：‘怎么样？是不是全日本最好吃？’当我回答说：‘我不知道是不是全日本最好吃，但真的很好吃。’你爸爸就说：‘一定要全日本最好吃才行。我跟你说，真正好吃的荞麦面店，即使开在深山里，即使开在冷清的地方，也会有全国各地的客人上门。’”

“日本最好吃的荞麦面店。”

民子开心地笑了起来：

“我不是在说奉承话，你爸爸做的手工荞麦面真的很好吃。虽然一开始会太软或是太硬，或是没有嚼劲，咬起来软趴趴的，每次做出来的感觉都不一样，之后就渐渐稳定下来。差不多到了第五年的时候，可能比外面普通荞麦面店的更好吃。到了第十年时，无论去哪一家荞麦面店，都吃不到比你爸爸做得更好吃的荞麦面，搞不好真的成为全日本最好吃……"

"等一下，爸爸做了十年吗？"

"才不是只有十年而已，他到死都没有放弃，所以前前后后有二十五年。"

修一大吃一惊。虽然对父亲这么认真做荞麦面很惊讶，但最惊讶的是父亲做了二十五年荞麦面，自己竟然完全不知道。

"既然爸爸可以做出这么好吃的荞麦面，为什么没有开店呢？"

"差不多第十年时，你爸爸也对自己做的荞麦面完全不输给任何人产生了自信，虽然去找了适合开店的地方，也去银行申请贷款，做了各种尝试，但最后还是不行。那时候时机不好，而且精品小铺继续经营也只是赔钱，所以暂停经营了，你爸爸已经六十岁，年纪很大了，即使说想要开店，银行也不愿意借钱。你爸爸很生气地说，银行还没吃过我做的荞麦面，就认定我不行。"

"这样啊。"

“我当时建议你爸爸可以找你一起做，因为几乎所有的银行都说，如果儿子愿意一起开面店就愿意放款，没想到……”

“没想到？”修一探出身体。

“你爸爸说：‘修一的人生属于他自己，不能把他卷入我想做的事。你不要向他提这件事。’那时候你刚结婚不久，他可能不想给你造成困扰。出于这些原因，你爸爸最后不得不放弃申请贷款，但即使这样，你爸爸也没有放弃做荞麦面。”

“即使已经放弃开店了吗？”

“为了你有一天回到老家，说想要开店时，可以对你说：‘如果你要开荞麦面店，我可以帮忙。’你爸爸觉得你和他不一样，读过大学，而且读的是经营系，又一直从事业务工作，所以认为你可以成为经营者，他没有这方面的能力，所以似乎希望可以成为做荞麦面的手艺人，助你一臂之力。”

“怎么会……”修一说不出话。

“他这个人就是不够坦诚，但是他不愿意绑住你的人生，这是他对你的爱，他希望能够在你走投无路时支持你，这也是他的父爱，所以在得知自己无法开店时，他看起来并没有沮丧，和之前一样热衷于做荞麦面，磨炼自己的技术。”

父亲一定认为这样可以累积运气，所以才能够坚持不懈。

民子继续说了下去：

“但是，他最后似乎稍微改变了想法。那时候你换了工作，去做保险业务员之后，工作就变得很忙，也没时间回来，即使偶尔打电话给你，你听起来也很忙，好像很急躁，你爸爸似乎察觉到了什么，认为你的人生可能遇到了瓶颈，所以不时把‘希望修一有机会尝尝我做的荞麦面’这句话挂在嘴上。”

“难怪……”

修一想起政史晚年的时候，每次和他通电话，他都会问：“你下次什么时候回来？”因为父亲以前从来不会这么问，修一还以为他上了年纪之后变脆弱了，没想到事实完全相反。父亲发现自己遇到了瓶颈，想要帮助自己，所以才希望他回家看看。

修一注视着使用多年的荞麦面工具，感到鼻子深处一阵发热。

政史吃到了良藏希望儿子吃的荞麦面，而且可以说从此迈向了新的人生。自己没有吃到政史想要自己尝一尝的荞麦面，就送走了父亲。他觉得自己简直太不孝了。

“虽然最后他的努力没有得到回报……”

修一听了民子的话，摇了摇头说：“任何努力都不可能没有回报。”

民子瞪大眼睛，看着修一的脸。修一双手撑在桌子上，看着做荞麦面的工具，因为他觉得那些工具中凝聚了政史的感情。

“你爸爸也曾经这么说。”

“是吗？我想也是。”

修一恍然大悟地频频点头，拼命地忍着快流下来的泪水说：“妈妈，我可以把这些工具带回家吗？”

民子笑着点了点头说：

“当然可以，放在家里，我会觉得你爸爸就像是陪在我身旁，也很不错，但我相信你带回去的话，你爸爸会更高兴。”

修一把做荞麦面的工具重新用方巾包起来后拿了起来。

“我先拿去放回房间。”

修一说完，转身背对着民子的瞬间，泪水就流了下来。他走在走廊上时，觉得政史好像随时会打开走廊深处的拉门，从里面走出来。修一在内心说了好几次：“爸爸，对不起。”

他每道歉一次，泪水就流了下来。

民子也在厨房内哭了。

隔天清晨，修一走出了家门。

前一天吃晚餐时，他问民子：“你不是有事要对我说吗？是什么事？”

“已经说了。”民子笑着回答。原来，她打算在修一回家时，把政史和荞麦面的事告诉他。

“我没想到你竟然知道你爸爸去登山回家时买了什么东西回家，让我大吃一惊。”民子说了好几次相同的话。

修一转了好几班电车，来到名古屋时，已经超过八点半了。他拨打了胁屋的手机，说他目前正在名古屋，以及会迟到后，搭上了新干线。胁屋只说了一句“记得买伴手礼回来”，除此以外，并没有说什么。

打那通电话时，修一刚走进新干线的验票口，赶紧慌忙跑向候车室内的伴手礼区。他在跑过去的路上思考着买什么才好，但一到那里，立刻知道了该买什么。

车厢内几乎坐满了人，修一好不容易买到了位于三人座位中间的 B 座位的车票，但走到座位时，发现坐在靠窗座位的女乘客抱着的孩子弄洒了饮料，座椅都湿了，没办法坐下来。

“不好意思，我和你换座位，请你坐这里。”

那位女乘客抱着孩子想要站起来，修一伸手制止了她。

“不不不，你坐着，没关系。我去找乘务员说明情况，请他们为我换座位。”

修一说完，就转身离开了。

他在八号车厢附近找到了乘务员，说明情况后，乘务员带他来到商务车厢。

“因为指定席都预约满了，所以请您坐这里。”

修一不禁苦笑，他忍不住想“这应该算使用了运气”，然后立刻发现自己受到了出租车司机价值观的影响，忍不住觉得很好笑。

旁边的座位坐了一个看起来像是商务人士的男人，正在用笔记本电脑工作。

“不好意思。”修一打了声招呼后坐了下来。

“保险是将相互扶持的精神具体化的商品，也就是把发生意外状况时，可以相互帮助的人聚集在一起。”

“这样啊，这完全就是我想打造的理想公司。”

“比方说，有一百个人，每个月都缴一笔钱，然后这笔钱存了起来。这一百个人中的任何人在遇到困难时，都有权利使用那笔钱。只不过每个人对‘困难’的标准不能不一样，所以就协商制定了怎样的情况下，可以使用这笔钱的规定。差不多就是这样。所以当我们听到‘非还本型’这个字眼时，总觉得在没有发生意外状况时，自己好像吃亏了，但也不是像别人所说的只是‘买一个安心’。我认为其实保险原本并不是为了将来的自己储存那些钱，而是目前有人遭遇困难，所以去帮助那个人。因为是抱着这种心态持续缴保费，当自己遇到困难时，别人也会伸出援手。当然，这只是我个人的理解。”

修一滔滔不绝地向坐在旁边的山本说明保险。

缘分真的很奇妙。坐在旁边的山本是经营餐厅的老板，以名古屋为中心，开了八家餐厅，正准备去横滨参加经营者的研讨会，修一刚好坐在他旁边。当然光是这样，他们不可能聊保险的事。在新干线经过滨松后，山本开始心神不宁，修一察觉到他似乎想找自己说话。修一以为他想去厕所，于是问他：

“您是不是要出去？”

他摇了摇头后，指着修一挂在皮包上的黑鲈公仔问：“请问你是在哪里买到这个的？”听山本说，那是很稀有的公仔，在玩家之间是传说级的珍品。

修一很干脆地说：“这个就送你吧！”然后从皮包上拆了下来，把公仔递给山本。

修一原本就对那个公仔没什么兴趣，而且出租车司机应该是为了这次的邂逅，送给自己这个可以带来“运气转机”的东西。

他们就这样聊了起来。

修一说，自己是保险公司的业务员，山本似乎产生了兴趣，对他说：“我想听你说说保险的事。”他的餐厅经营顺利，似乎赚了不少钱，便说：“我想加入保险节税。”于是他们就聊了起来。

修一并没有特别说明自家公司的保险商品，只是向他说明保险是什么样的商品。

“原来如此，所以非还本型的保险，即使自己没有用到，也并非只是买一个安心而已，而是用自己缴的钱，帮助了加入同一个保险的其他人。”

“没错。”

“你说得太好了，保险业务员就是靠这些保费赚钱吧？”

修一露出微笑，点了点头说：

“当然，相互帮助的成员中也包括了保险业务员。在签下保单的第一年，业务员可以抽取一定比例的佣金，靠这些佣金生活，所以我们也是靠大家的帮助过日子，但是只有第一年而已，第二年之后，我们就几乎抽不到佣金了。”

“是吗？”

“对，所以如果要买保险，一定要找愿意让他赚钱、值得信赖的对象，在充分沟通之后，再决定买什么保险。”

“啊，不能向你买保险吗？”

“我吗？”

“对啊，我之前和很多保险业务员聊过，只有你告诉我‘非还本型的保险并非只是买安心而已’，我想要向这样的人买保险。”

修一苦笑起来：“我……似乎不太适合这个工作，正打算改行。”

“是这样吗？”

修一点了点头。

“那我就无法以此作为你送我这个吊饰的回礼了。”

修一笑了起来：“你为了回报我送你这个玩具而买保险吗？山本先生，你太夸张了，正如我刚才说的，你要再仔细考虑一下。”

“不不不，我原本就打算买保险，只是觉得既然要买，就向你买。”山本抓着头说。

“山本先生，如果你认真考虑买保险，我可以向你介绍一位我发自内心信任的业务员，如果你向他买，我会很感激。”

“冈田先生，这样真的没问题吗？”

“对，但请你好好考虑一下，是否真的要买保险。然后买了之后，就不要马上退保，要觉得自己已经成为相互帮助团体的一分子了。”

修一在说话的同时，和山本交换了名片。

“所以呢？你决定好要换什么工作了吗？”

修一露出苦笑，指着放在头顶上方置物架上的紫色包裹说：

“虽然不知道是否能够成功，但我希望有朝一日，可以成为荞麦面手艺人。”

“这样啊，你的兴趣是做荞麦面吗？”

“不，我正要开始学。”

山本露出惊讶的表情。人在真正惊讶的时候，似乎会说不出话。但是听到这句话时，最惊讶的不是别人，而是修一自己。

他刚才是脱口说出“想成为荞麦面手艺人”这句话的。他不知道为什么会说这句话，但既然脱口说出了这句话，就代表这是自己发自内心的愿望。

山本在新横滨下了车。

修一怔怔地看着车窗外东京的高楼大厦。这几天太不可思议了，要花很长时间，才能回想起发生在自己身上的每一件事，但这几天的确成了改变自己人生的转机。

他努力回想司机的脸，却无法清楚想起司机到底长什么样子。现在回想起来，觉得好像有点像父亲政史年轻时的样子，又觉得完全不像。

他搭乘了神奇的出租车，和司机聊了很多话，司机也带他去了很多地方。司机送给他的那个黑鲈公仔是唯一的证据，如今这个公仔也已经送人了，所以他甚至对这几天是否真的发生了这些事失去了自信。

唯一可以证明这不是梦境，而是现实的证据，就是用公仔换来的山本的名片。

这几天的一切也将这样慢慢成为过去。

新起点

现状很残酷，

前途也将困难重重，

但内心有真正想做的事时，

就会觉得未来光明灿烂。

修一在十一点左右才走进办公室。胁屋并没有生气，只是在等待修一的报告。修一走向胁屋的办公桌。不可思议的是，他竟然没有感到紧张。

“不好意思，我迟到了，这是伴手礼。”

修一把赤福饼递到胁屋面前。赤福饼是伊势的名产，也是名古屋车站很受欢迎的伴手礼。

“哦，是赤福饼！我从小就很爱吃。”

胁屋在说话的同时，兴奋地接了过去，放在桌上后，看着修一的脸。

“所以呢？”

他似乎在等修一向他说明，为什么会去名古屋。

“因为这个月西导补习班的保单解约，我觉得必须赶快签下新的保单，所以就回去老家那里，想通过在老家的关系推销保单。”

“你的老家是在……”

“在岐阜。”

“哦，对。”

“然后得知在名古屋开了八家餐厅的山本先生对保险很有兴趣，所以就和他见面谈了一下。”

“签约了吗？”

“他很有兴趣，看起来也会买，但因为我能力不足，所以在临门一脚时，无法获得他的信任。他希望找一位能够用更简单易懂的方式向他说明的业务员，我告诉他‘我会请敝公司一位姓胁屋的业务员和您联络’，然后就留下了您的名字。”

胁屋注视着修一的脸，似乎在观察他脸上的表情，最后只说了一句：“我知道了。”便向修一伸出了手。

修一把刚才在新干线上和山本交换的名片放在他的手上，转身离开了。

修一回到家，优子看到他时大吃一惊。

“这是什么？”

“这个吗？我等一下向你说明。”

“这……该不会是做荞麦面的工具？”优子接过包裹后，打量着手上的包裹问。

“对。”修一回答后，脱下鞋子，快步走进卧室。

优子觉得修一看起来比平时开朗。

“可能发生了什么好事。”优子这么猜想。但在那天晚餐后，听了修一说的话，优子发现自己完全猜错了。

吃完晚餐后，梦果像平时一样，立刻走回自己的房间。优子收拾完餐桌，洗好碗之后，修一从卧室中拿出刚才带回家的包裹放在餐桌上，打开了包裹。

“刚才已经听你说，这是做荞麦面的工具，你为什么带这种东西回来？而且……好像不是新的。”

修一点了点头说：“这有点像是我爸的遗物。”

“你爸的遗物？原来他的兴趣是做荞麦面。”

优子不由得感到佩服，拿起工具打量着，发现每一件工具都用了很久。

“在说这件事之前，有一件事我必须先向你道歉。”

“什么事？”优子皱起眉头，浑身紧张起来。她把手上做荞麦面的工具放回桌上，拉了椅子，坐在餐桌旁。

“不瞒你说，差不多一个星期前，有大笔保单解约，总共有二十份。”

优子听到修一说的数字，立刻想到是十个月前，修一去补习班上门推销后顺利签约的那些保单。他们还曾经为此举杯庆祝，简直就像昨天才发生的事一样。

“这一个星期以来，我想尽了各种方法，努力试图挽回，但最后还是白忙了一场，所以下个月的薪水只有以前的一半。”

优子听了之后并没有说“那该怎么办”，而是对他说：“这也没办法，而且反正再过两个月，就满十二个月了。”

一方面是因为她知道修一做这份工作，就有可能发生这种情况，另一方面她也知道如果有办法解决，修一早就那样做了。修一很惊讶优子如此冷静，原本做好了心理准备，优子会情绪激动地数落他：“这么重要的事，你为什么瞒了我这么久？”即使没有骂他，至少也会用一脸冷淡的表情嘀咕：“简直糟透了。”优子的反应完全出乎他的意料，也许她并没有充分了解事情的严重性。修一下定了决心，决定说出所有的一切。

“谢谢你这么说，但是保单在一年以内解约，就必须退还之前的保费，所以会在下一次奖金中扣除一大笔钱，不够的金额也要再补回去。也就是说……下次的奖金完全领不到，再下次也没指望了。我们只能放弃原本计划的暑假旅行，而且照目前的情况，生活费也会有问题，所以必须动用原本为梦果升学所存的钱。我会把这件事告诉梦果，之前和她讨论升学问题时，向她拍胸脯保证：‘无论你想读哪一所高中都没问题’，但现在必须告诉她，目前的情况已经没办法了。”

优子在听修一说话时频频点头，似乎在说服自己。

修一见状，深深鞠了一躬说：

“对不起。”

优子露出了笑容说：“这样反而比较好。”

“啊？”修一惊讶地看着优子。因为修一熟悉的优子应该会很不高兴地数落他：“为什么会变成这样！”“你怎么不早点说，我也需要安排啊！”但眼前的优子完全不同。

“你说反而比较好？”修一战战兢兢地问。

“嗯，虽然我也不知道以后会怎么样，但我想或许可以成为梦果思考自己未来的契机。至于旅行，她也一定会说‘不要去’，我相信有朝一日，她会很庆幸发生了这一切。”

“是吗？你这么说，带给我很大的安慰，但还有一件事必须告诉你。”

“什么事？”

“我打算辞职。经过这次的事，我知道自己不适合这份工作。”

“所以才把这些……”优子注视着放在眼前的荞麦面工具说。

修一摇了摇头说：“不，荞麦面店是以后想要实现的梦想，必须等到我能够做出全日本最好吃的荞麦面，才会考虑开店。或许你会觉得我根本没有做过荞麦面，就在这里说大话，但无论花费多少年，我都会努力练习做荞麦面，等到你对我说‘你做的面已经是全日本最好吃的了，我们来开一家店’时，我就来开一家荞麦面店。”

“我吗？”

“没错，由你来决定。在你认为这样的面一定没问题之前，我不会开店。”

优子笑了起来。

“在开店之前，你要做什么？”

“虽然还没有决定，但我会找一家白天愿意雇用我的荞麦面店，晚上再找一份可以赚钱的工作。”

“这样没问题吗？我有点担心你的身体。”

修一笑着说：“没问题，因为我有了人生目标。”

修一说完之后，发现在自己的人生中，第一次有未来想要到达的目标地点。现状很残酷，前途也将困难重重，但内心有真正想做的事时，就会觉得未来光明灿烂。

“我了解了，在那一天到来之前，我也会支持你。”

“对不起，之后会比现在更……”

“我知道，也许我必须比现在更努力工作，对不对？”

修一对优子的善解人意感到有点惊讶，发自内心感到感谢后，再次鞠了一躬。

“为什么想做荞麦面？你说是你爸爸的遗物，又是怎么一回事？”

“说来话长。”

修一不知道该从何说起，也不知道该透露多少。即使说出神奇的出租车司机的事，优子应该也无法相信。

“因为一些奇妙的缘分，我去老家附近推销保险。”最后，他只用含糊的方式这么说。

那天晚上，修一写了辞职信。

隔天星期五，修一向公司请了假。

那天是当月结算日的前一天，因为结算日是星期六，所以会在当天决定当月的薪水金额。修一无法挽回二十张遭到解约的保单，就将面对发薪日。他决定请年假到发薪日那一天，虽然临时请假，但胁屋并没有多说什么就同意了。也许胁屋已经猜到修一打算辞职。

隔周星期四是发薪日，修一在周一、周二和周三用政史的工具试做了荞麦面，但做出来的成品和荞麦面相去甚远。他发现未来的路比想象中更险恶和漫长，忍不住叹着气。

“才刚开始而已……”他努力激励自己。

发薪日那一天，有每月一次的全公司会议。会议结束时，董事长会把装了薪水明细的信封交到每一个人手上。

修一在接过信封时对胁屋说：“董事长，我有几句话想和您谈一谈，可以占用您一点时间吗？”

胁屋似乎预料到修一会提出这样的要求，立刻点头回答说：

“我也刚好有事要找你，但我要先打一通电话，十五分钟后在会客室谈，可以吗？”

修一向他鞠了一躬。

走回自己的座位后，他打开信封，拿出了薪水明细，确认了金额。无论薪水增加或减少，每次确认明细上印的金额时，都会忍不住有点紧张，心跳会加速，但这一天和平时不同，他的心情很平静。

胁屋如约在十五分钟后走进会客室。先进到会客室坐着的修一起身迎接胁屋。

“不好意思，耽误您的时间了。”

胁屋笑着轻轻摇了摇手，似乎表示不必介意。

“你要和我说什么？”胁屋问话之后，在椅子上坐了下来。

修一见状后，也坐了下来。他从西装内侧口袋拿出辞职信，放在桌子上：

“我打算辞去这里的工作。”

胁屋面不改色，注视着信封。修一以为胁屋会问他什么问题，所以没有再说什么，但胁屋似乎并不打算发问，他只能自己继续说下去。

“辞职理由我已经写在上面了，您等一下看了就知道了。”

一阵尴尬的沉默，但胁屋似乎并不在意，继续看着信封。胁屋的态度很平静，似乎表示早就猜到修一会提出辞职。因为一下子有这么多份保单解约，即使不是胁屋，任何人都能猜到修一会辞职。

胁屋将原本看着信封的视线移向修一，他的表情很平静，甚至好像露出了笑容。

“你还有其他话要说吗？”

“谢谢您一直以来的照顾，虽然几乎没有帮到您，但谢谢您对我这么好。我这个人很笨拙，而且还很顽固，做人不够坦率。事实上我直到最近，才终于能够用自己的方式，坦诚理解了您之前所说的话。我相信这样的自己一定给您添了很多麻烦。”

“哦？具体是哪些话？”

“比方说，您常说的‘正向思考，笑得比别人更开心’这句话。我很不擅长正向思考，每次听到您这么说，就在内心反驳，怎么可能轻易做到？以前的我真的很不坦率。后来在某个契机下，我才了解到什么是真正的正向思考，在了解之后，终于发现其实并不是自己不擅长，而是不够坦率。”

“你认为真正的正向思考是什么？”

“我所认为的正向思考，是用自己的人生累积运气，比自己出生的时候……”

修一说到这里，感受到好像被雷打到的巨大冲击。迄今为止发生的各种事浮现在脑海中，然后连接在一起。

虽然这种想象很荒唐，却有强烈的说服力。修一感到自己的心跳在加速。

“怎么了？比你出生的时候？”

“不，我可以请教您一个问题吗？”

“什么问题？”

“上个星期，我把赤福饼交给您的时候，您说您从小就很爱吃。”

“对。”

“董事长，请问您是哪里人？”

“我是伊势人。”

修一犹豫了一下，没有继续问下去。

“怎么了？”

“不，我只是想到一个可能，我可以请教您一个奇怪的问题吗？”

“什么问题？”

“请问您祖父是怎样的人？”

“我的祖父？”胁屋露出困惑的表情，似乎觉得修一的确问了奇怪的问题，“他在我爸爸刚出生不久就死了，所以我不太清楚他的情况。”

胁屋说完后，抱着双臂沉思起来。修一发现胁屋的脸色渐渐变了，过了一会儿，胁屋突然好像跳起来般向前探出身体。修一的身体忍不住向后仰。

“我可以问你一个问题吗？”

“好、好啊……”

“你该不会辞职之后……想开荞麦面店？”

“……”

修一说不出话。

“对……但是，您怎么知道这件事？”

胁屋摸着下巴，心神不宁地在会客室内踱步，思考了片刻，最后恢复了原本的冷静表情，坐回椅子上说：

“不，我只是随便说说而已。”说完，他靠在椅背上，立刻又接着问，“那可以轮到我说了吗？”

“哦……好。”

“你有没有看今天的薪水明细？”

“看了。对了，我也必须和您谈这件事。这个月因为西导补习班的保单全都解约，所以薪水的金额应该大幅减少，没想到反而比之前更高，我想是不是算错了。”修一诚实报告了照理说应该减少的薪水并没有减少这件事。

“不，并没有算错。”

“请问是怎么回事？”修一纳闷地问。

“上个星期四，你留了山本先生的名片给我，名片上有他的手机号码，我和他联络之后，得知他周末就在东京，于是就去和他见了面。”

“这样啊。”

“我了解了详细情况后，发现你说自己能力不足根本是骗人的。他说打算向你买保单，结果被你拒绝，然后介绍给我。”

修一很尴尬，露出苦笑说：“这……因为我打算辞职了，所以希望有机会回报您。”

“嗯，我猜到了，总之，我和山本先生谈过了。山本先生说，你向他说明了什么是保险，让他深受感动，你所说的保险就是‘相互帮助的伙伴’的概念，完全符合他想要建立的公司精神。

“山本先生公司旗下的八家餐厅的职员都是年轻人，都很有活力，也充满梦想，只是对保险没有兴趣。但是山本先生认为，加入保险无论对开店或是实现梦想都很重要，只是无法把这种想法充分传达给年轻的工作人员，正在为此发愁。于是他说会召集那些年轻人，希望能以理财顾问的身份谈谈保险的事。”

“演讲吗？”

“对，我已经帮你接下来了。”

“啊，不是您去演讲吗？”

“我根本不知道你和他聊了什么，他说希望演讲时说说和当时相同的内容，我哪有办法？而且山本先生希望由你来演讲，既然我都答应了，你不去，我会很伤脑筋。”

"即使您这么说……"修一露出无奈的表情抓着头。

"理财顾问？演讲？"

今天是和董事长谈辞职的事，意想不到的发展让修一不知所措。他绞尽脑汁思考，仍然不知道该怎么办。他一直深信，只有在自己和别人眼中都是成功人士的人，才有资格去演讲，也一直认为和自己无缘，所以董事长突然为他接下演讲的工作，也难怪他的思考会陷入停摆。

"像我这种拖后腿的业务员哪有资格演讲……"

"山本先生说，打算加入你提议的保险，同时指名你成为他公司的保险业务员。你刚才说，希望可以回报我……如果那是你的真心话，那就去演讲。在此之前，这份东西……"

胁屋拿起修一刚才给他的辞职信。

"先放在我这里，等你去演讲之后，如果仍然决定要辞职，那我也不阻止你。"

胁屋看到修一仍然犹豫不决，补了临门一脚说：

"我可是已经向山本先生收了演讲费的订金。"

"您已经收了钱？"修一问话的声音也变尖了。

"对啊，所以才会这样。"

"才会怎样？"

"所以你的薪水才没有减少，因为加上了演讲费的订金。"

“啊！”

“冈田，这不是要继续这份工作还是辞职的问题，而是只有你才有能力完成这件事。山本先生付的演讲费并不是我提出的金额，而是他主要提出：‘希望能够用这个金额，务必请冈田先生为我们公司的员工分享上次的那些内容。’这是以一位经营者的立场，在经营公司的过程中，认为有必要请你去和员工分享那些内容。

“你知道吗？山本先生邀请你去演讲并不是为了帮助你，而是希望你去帮助他的公司。这不是只有你才能完成的使命吗？你不需要说什么冠冕堂皇的话，也不必想通过这次演讲签下保单。有人认为需要你内心的这些真实想法，有这样的人出现了，所以你只要带着真心诚意去分享就好，你不可以逃避。”

“……”

修一仍然举棋不定。他不知如何回答，注视着桌子，持续思考着该怎么办。他当然想不出答案，只能继续保持沉默。胁屋苦笑着嘀咕起来，打破了这份沉默。

“哪有人接到演讲的邀请还露出闷闷不乐的表情？”

修一猛然醒悟。

“如果不保持好心情，就无法发现运气的转机。”

他的脑海中浮现出司机从驾驶座转过头，对他露出的笑容。

修一立刻露出笑容说："好，那我试试，谢谢董事长。"

说完，他深深鞠了一躬。胁屋见状，心满意足地点了点头说：

"详细日期和时间，还有内容的问题，你和山本先生用电子邮件讨论后决定。"胁屋说完，走出了会客室。会客室内只剩下修一，他拿起胁屋留在桌上的山本的名片，很自然地露出了笑容。

胁屋没有立刻回到自己的办公室，而是走出公司所在的那栋大楼，来到马路上。

双线道的马路上车来车往，他情不自禁看向右侧。有一辆出租车朝他的方向驶来，他以为会在自己面前停下，但出租车开走了。

"至今也已经过了十五年了吗？"

胁屋回想起在记忆深处沉睡、和一位神奇的出租车司机相处的那几天，情不自禁露出了微笑。

尾 声

雨过天晴。

和朋友们一起吃午餐聊天太热烈，比平时预定的时间晚很久才解散。原本打算这天也两点就回家，但抵达车站时，都已经超过三点半了。因为天气预报说今天不会下雨，才穿了新鞋子出门，没想到天空中乌云密布，大滴的雨水打在柏油路面上。

“真讨厌。”优子忍不住喃喃自语着。

车站前圆环形的出租车停靠站大排长龙，四点半要去女儿的学校和班导师面谈，如果排队等出租车，可能还没有等到车，就已经过了约定的时间，但也不可能在大雨中走回家。最后，优子只能排在队伍的最后方，期待出租车接连出现，更期待这场雨可以停下来。像这种雷阵雨通常下一阵子就会停，只不过不知道是否马上会停。

唯一的希望，就是即使自己迟到，修一也可以准时赶去学校。优子拿出手机，确认修一目前所在之处。显示修一目前位置的蓝色圆点停在西导补习班。

优子曾经听修一提过这个补习班的名字。半年多前，修一曾经兴奋地告诉她，签到了很多份保单，她记得那个补习班的名字就是西导补习班。她拨打了电话，但修一没有接电话。

她估计修一正在谈事情。西导补习班离梦果就读的中学很远，看来也无法期待修一能够准时到了。

优子等了十五分钟，但雨仍然没有停。等出租车的队伍也只前进了几米而已，恐怕还要很久才会轮到自己，但西方天空露出了亮光，打在遮雨棚上的雨声也变小了。优子认为继续等下去会迟到，于是下定决心，准备冒雨跑向马路对面的便利商店去买把塑胶雨伞。虽然腰部以下可能会被雨淋得湿透，但她不能爽约。

“难得穿了新鞋，真是糟透了！”

她这么说着，离开了队伍，尽可能走在有遮雨棚的地方，离开了车站。当她在第一个斑马线前等红灯时，一辆出租车停在她面前，后座的门打开了。优子毫不犹豫地跳上了出租车。

“请去雅中学。”优子说完，从皮包里拿出手帕，“唉，真是糟透了……”

她自言自语着，擦拭着手上和衣服上的雨滴。当她进入出租车这个密闭空间时，发现刚才和朋友一起逛百货公司时试用的护手霜，随着体温的上升，发出了浓烈的薰衣草香气。刚才似乎不小心擦太多了。

"好的。"司机心情愉快地小声回答后，把车子开了出去。

优子又拿出面纸，拼命擦拭着新鞋上的水滴。终于擦完时，靠在椅背上，用力叹了一口气。

车窗外的天空放晴了。雷阵雨似乎停了。

"真是的！怎么会这样？！"

她不由自主地骂了一句，拿出手机，打电话给修一。

"什么事？……我正在工作……"

从修一的声音中，就可以察觉他心浮气躁。优子对他的反应也感到心浮气躁。

"你忘了吗？今天要去学校谈梦果的事。"

"我当然记得。虽然记得，但我在上班，怎么可能中途翘班？"

"我当然知道，只是希望如果你没办法去，至少打一通电话告诉我。如果你没时间，我就自己去。"

电话中传来修一咂嘴的声音。

"那你就去了解一下情况。"

"好。对了，旅行的钱汇了吗？"

"不……还没有。"

"要记得汇钱，如果下个星期还不汇钱，名额就会被取消了。"

"啊啊，有一件事……"

“什么？”

“不，没事，那就拜托你了。”

优子重重地叹了一口气，挂上了电话。

“唉……”

司机从后视镜中看着优子的脸对她说：“下雨很伤脑筋呢。”

优子苦笑着说：“对啊，真的糟透了。”

“但是这样不是反而比较好吗？”

“啊？”

“我是说，这样不是反而比较好吗？因为下雨，你才坐到这辆出租车。”

“嗯，也对。”优子没有想太多，配合司机的话回答说。

“咦？你好像并不这么觉得。我跟你说，这辆出租车很特别哦。”

“是吗？”

“对，首先，今天免收车费，你可以免费搭车。”

“啊？为什么？”

“请你看一下计费表，计费表坏了。”

优子看向计费表，上面显示了“70020”的数字。

优子吓了一跳，但听到司机说计费表坏了所以免费，暗自松了一口气。

“真的欸，所以我很幸运。”

“对啊。虽然下雨淋湿了你的新鞋，但你不是因此搭到这辆车吗？当发生什么事时，很容易下意识地认为‘糟透了’，但我觉得不妨认为‘这样反而比较好’。”

“有道理。但是，你怎么知道我穿了新鞋子？”

“大家通常不会擦拭被雨淋湿的鞋子，只有穿新鞋的人例外。”

优子觉得自己上车后自言自语的内容被司机听到了，所以觉得有点难为情。

“人生中所发生的事，即使在发生的当下觉得‘糟透了’，过了一段时间之后，往往会觉得‘这样反而比较好’，所以一开始就觉得‘这样反而比较好’，就可以对很多事都乐在其中。”

优子默默听着司机说话，觉得司机好像在指正自己上车后的行为，忍不住感到羞愧，但司机说话的方式，或者说整个人散发出来的感觉并不会让人感到不舒服，反而让人有一种想听他说话的安心感。

“做这份工作，会遇到各式各样的乘客。经常听到乘客说，即使一开始以为是糟透了的事，没想到因此迈向未来的幸福。比方说，这是一位太太告诉我的故事……”

优子没有问，司机就自顾自地说了起来：

“有一天，她的先生突然买了一把很贵的吉他回家，如果是家中经济状况很好的时候也就罢了，没想到竟然在明知道收入会减少的时候买回家。她先生是保险业务员，每个月的薪水会受到业绩的影响，所以很不稳定，她先生买回来之后只弹了几天而已，很快又有了新的兴趣。你知道她先生新的兴趣是什么吗？是做手工荞麦面。之后，因为她先生的薪水减少了，还必须归还客户解约的保险费佣金，原本计划好的家庭旅行取消了，她怒火攻心，觉得‘简直糟透了’。”

优子忍不住想起修一。原本事不关己地听着司机说话，但听到那位太太的丈夫是保险业务员，顿时感同身受。但她很快就差点笑出来，摇了摇头。她无法想象修一拿吉他的样子。修一应该是世界上和吉他最不搭调的人。

“有这种先生应该很头痛……”

“是啊，而且他之后完全忘了自己买吉他的事，整天在家里做荞麦面。你知道最后怎么样了吗？”

“很快又发现了新的兴趣？”

司机摇着头说：“听说后来迎接了让他们认为‘说不定这样反而比较好’的未来。”

“怎么回事？”

“那位先生是因为得知了自己家族的渊源，才开始学做荞麦面。那位先生在专心学习的过程中，生活方式和价值观都发生了改变，业绩也持续增长。几十年后，他们夫妻终于如愿开了一家荞麦面店。”

“这样啊！”

“那时候，那位太太体会到，无论遇到任何事，认为‘这样反而比较好’很重要。”

“吉他呢？吉他后来怎么样了？”

“当时因为拒学而没有去学校上课的女儿，把她先生丢在家里的吉他拿去自己的房间开始练习。他们夫妻觉得女儿没有去学校，整天在家里，练练吉他至少胜过什么事都不做，所以就让她玩吉他。结果十几年后，他们的女儿成了知名的音乐人。呃……叫什么名字？我忘了。”

“是哦……原来还有这种事。”

“这是之后才会发生的事。”

“啊？”优子没有听到司机说的话，忍不住追问。

“没事，已经到了。”

“哦，好，谢谢你。请问，真的……”

“不用收费，下一个客人在等我。”

优子觉得司机在示意她赶快下车，于是她急忙下了车。出租车立刻关上了后座的门离开了。

“这样反而比较好……吗？我是不是也该让梦果学吉他？”

优子嘀咕着，从学校的大门走进去。

雨过天晴。

后　记

在写作过程中，往往需要通过和很多人邂逅，从中得到很多经验和学习，才能完成一部作品。本作品也因为这许许多多的相遇和学习，才终于能够完成。

在此向带给我这些学习和经验的所有人，尤其是英雄人生（HEROESLIFE）株式会社的木下雄词先生表达衷心的感谢，在我构思本作品时，木下雄词先生提供了大力的协助。万分感谢。

平成三十一年三月一日

作者

图书在版编目（CIP）数据

凡事发生皆有利于我 /（日）喜多川泰著 ；王蕴洁译. -- 北京 ：国际文化出版公司，2024.8

ISBN 978-7-5125-1617-5

Ⅰ. ①凡… Ⅱ. ①喜… ②王… Ⅲ. ①成功心理-通俗读物 Ⅳ. ① B848.4-49

中国国家版本馆 CIP 数据核字（2023）第 248883 号

北京市版权局著作权合同登记　图字 01-2024-3723 号

凡事发生皆有利于我

作　　者　〔日〕喜多川泰
译　　者　王蕴洁
责任编辑　戴　婕
责任校对　崔　敏
选题策划　魏　玲　潘　良
策划编辑　李　娜
出版发行　国际文化出版公司
经　　销　国文润华文化传媒（北京）有限责任公司
印　　刷　河北鹏润印刷有限公司
开　　本　787 毫米 ×1092 毫米　32 开
　　　　　　6.375 印张　113 千字
版　　次　2024 年 8 月第 1 版
　　　　　　2024 年 8 月第 1 次印刷
书　　号　ISBN 978-7-5125-1617-5
定　　价　39.80 元

国际文化出版公司
北京市朝阳区东土城路乙 9 号　邮编：100013
总编室：（010）64270995　传真：（010）64270995
销售热线：（010）64271187
传真：（010）64271187-800
E-mail：icpc@95777.sina.net